拯救無味乾柴X延長保存期限，新手&懶人零秒上手！
科學萬用醃漬食譜65選

鹽糖水黃金比例醃漬法

作者 上田淳子
譯者 林安慧

鹽糖水

就是將鹽、砂糖以及水混合在一起

我該不會又乾又老吧？
唉呀，感覺好像是乾乾的沒錯，我也一樣啊……

因為加熱而容易變柴過硬的肉類或魚，只要利用鹽糖水醃漬法，就能夠完整保留水分而且十分柔嫩，即使是不容易處理的高難度食材，在經過自己喜歡的烹煮煎炒或簡單調味之下，就可以成為一道料理。

把容易過柴過硬的魚和肉通通變得軟嫩濕潤！

輕輕鬆鬆就能夠醃入味！

這個方法能讓鹽分直達魚或肉的中心，也就是完全醃漬入味的狀態，加上味道是完整毫無遺漏地滲透，怎麼能夠不美味呢？更不用說魚肉越咬越有滋味，對味蕾也是一種新鮮的體驗。

將食材用鹽糖水醃漬

覺得皮膚都變得水潤起來了！
唉呀，都是因為鹽糖水吧

突顯食材原有滋味，不用太多調味料！

只要鹽分維持一定比例，就能夠做出好滋味，也就是說使用鹽糖水醃漬肉品，等於一次完成了基本的調味。接著只需要添加香料或酸味等不同風味，讓肉或魚的滋味更有層次就可以了。其實只靠食鹽的簡單調味，即可提出食材本身的好味道。

更加地美味！好處多多！

把食材擺進有鹽、砂糖以及水的混合水即可。只要這麼做，真的就會變得更好吃嗎？恐怕每個人都會有這樣的疑惑吧。那就按照「會變成怎樣的美食呢？」、「會有什麼樣的好處？」來好好為大家介紹。而且既然傳說中的鹽糖水醃漬法這麼輕鬆簡單，為什麼不來嘗試挑戰做做看呢？

去除令人介意的腥味！

使用鹽糖水醃漬，可以消除原本附著在肉或魚表面的雜質或細菌。特別是魚類這種食材，如果沒有在購買當天就料理的話，會導致細菌繁殖並散發腥臭味。不過使用鹽糖水醃漬過後，就能去除臭味，擺放2～3天仍然好吃。

你啊，散發出非常美味的味道呢♡

即使冷了，還是很軟嫩！非常適合做日式冷便當！

這恐怕就是真愛了。
嘻嘻……

脂肪較少的肉或魚一旦遇冷，就會緊縮變硬，吃起來容易感覺又乾又柴，但是如果使用了鹽糖水來醃漬的話，就能夠鎖住原有水分，肉質依舊是軟嫩濕潤，因此也很適合做成放冷再吃的料理或者是便當配菜。

你不進來嗎？冷凍庫又涼又舒服耶。
我就不用了。

鎖住新鮮！

*肉類是4～5日、魚類是2～3日

因為都經過鹽分充分滲透，不僅具有較長的保存期限，而且經過一段時間的冷藏會變得更加美味。跟冷凍不一樣的地方，就是即使冷藏也無須擔心會走味，更不需要花時間解凍，可以大量採買、維持魚的鮮度，這些都是誘人的關鍵。

添上美味的油脂！

鹽糖水醃漬法是將脂肪較少的健康食材變美味的獨家特技。只要加上些許奶油、橄欖油這些能夠決定風味的油脂，就能夠烹煮成迷人的美食。

鹽糖水的製作與醃漬法

混合、醃漬，
只要2個步驟就能完成。
把一次大量購買的食材
分門別類醃漬起來，
再依照當天心情烹煮就能夠上桌。
就算想不出來要怎麼料理也沒關係，
總之，先來醃漬食材吧。

使用200～300g的肉或魚

鹽 粗鹽 2/3小匙（約3g）

增加保存期限並決定味道的關鍵是鹽巴。因此只用鹽糖水醃漬過的肉或魚，鹽分已經均勻地滲透進去，就算是簡單油煎，吃起來一樣很美味。

糖 砂糖 1/2大匙（約5g）

具有阻止蛋白質緊縮的效果，同時還能保住組織內的水分。而且因為量沒有多到讓人有吃到糖的感受，不影響整體口味。

水 100mℓ

靠著水來融化鹽與砂糖，讓肉或魚可以浸泡在成分一致的液體中。最方便的方式就是使用食物保鮮袋製作鹽糖水，讓食材完整地醃漬入味。

來動手做鹽糖水吧

製作鹽糖水

將鹽、砂糖、水放進食物保鮮袋裡，抓緊袋口形成三角形，左右搖晃讓三者充分融合。袋子裡留一些空氣可以更便於搖晃混合。

↓

浸漬在鹽糖水中

將肉或魚放進袋中，務必全部都要浸泡到鹽糖水，接著去除多餘的空氣、綁緊袋口，靜置在冰箱冷藏至少3個小時以上。鹽糖水袋還可以放置在方形托盤裡，這樣就算袋子破了也不必擔心。

＊肉類可以保存4～5日，至於魚類則可以保存2～3日。

依照製作方式的注意事項

◎ 充分擦乾水分

以煎、炒、油炸方式烹煮時，務必要先使用餐巾紙將表面水分完全擦乾淨再來料理，避免熱油四處噴濺，還可以讓食物料理出來的顏色更好看。如果是汆燙、水煮的話，只需要簡單擦掉一些水分即可。

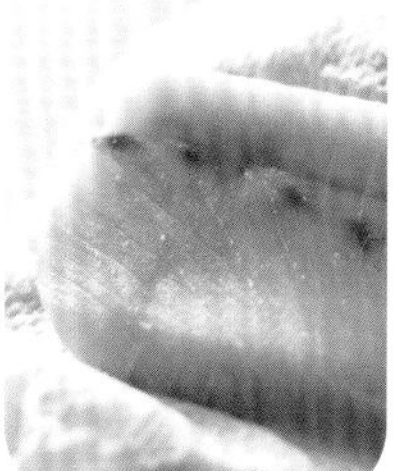

◎ 倒掉鹽糖水

魚類可以醃漬在鹽糖水中2天，肉類則是可以放到3天，但是超過這個日期的話，請務必要將鹽糖水倒掉。即使沒有浸泡在鹽糖水中的肉類，還是能夠冷凍保存起來。

鹽糖水的美味秘訣

將魚或肉浸漬在鹽糖水中就能夠變得濕潤又柔嫩，這是為什麼？這樣直白的疑問，就交給女子營養大學西村敏英教授來解答。那麼就用肉品舉例，來做簡單易懂的說明吧。

一經加熱

只要一加熱，肉品的肌原纖維就會收縮，原本留存在組織裡的水分會因此流失。

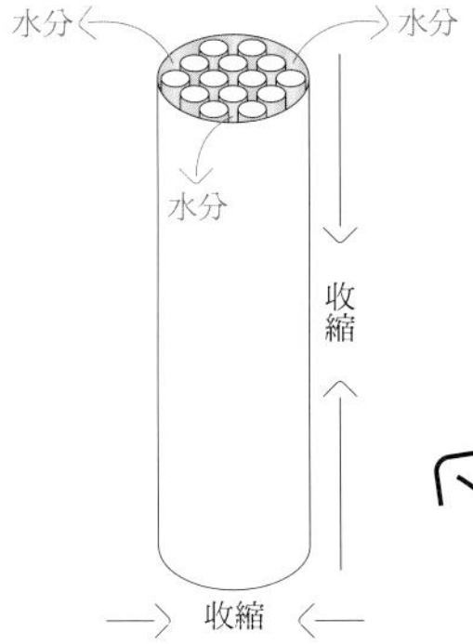

肉品在加熱後會變硬，全是因為蛋白質變性

動物的肌肉是由無數的肌纖維（肌細胞）所組成。肌纖維內部的肌原纖維蛋白質經過加熱產生變性，收縮下導致水分流失，肉就會因此變硬。這樣的變化可以細分成2個階段。

1 在加熱之下，肌原纖維蛋白質會收縮、凝固，使得肉品收縮。

2 隨著肉質的緊縮，原本保留的水分就會因此分離、流失。

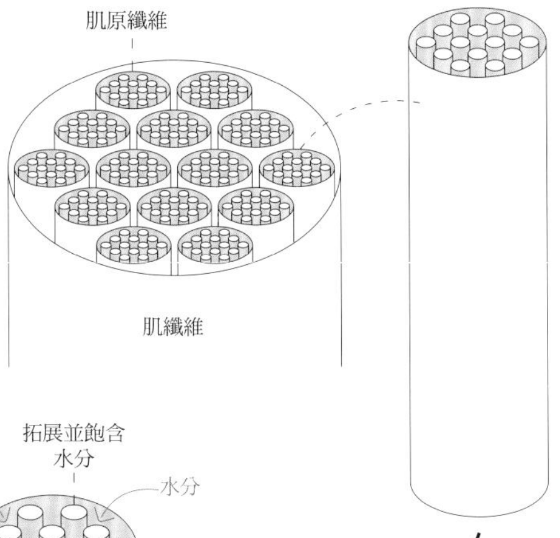

肉品浸漬在鹽糖水中，提高保水性

將肉品浸漬於鹽糖水中，鹽與砂糖會滲透進肉的內部組織，並且透過鹽、砂糖的各自效果讓肉品出現變化。

鹽 當鹽分充分滲透，能夠舒展肌纖維，擴充肌纖維彼此之間的距離，這樣一來就能夠蓄積水分。

砂糖 砂糖分子與肉品的蛋白質分子結合在一起時，能夠抑制因為加熱引起的收縮或凝固。另外砂糖本身具有極高的保水性，也能夠好好地保留住肉品中的水分。

浸漬在鹽糖水中

靠鹽分來拓展肌原纖維之間的空間，讓更多水分進入，而砂糖因為能夠抑制收縮，所以即使經過加熱也能夠保有水分。

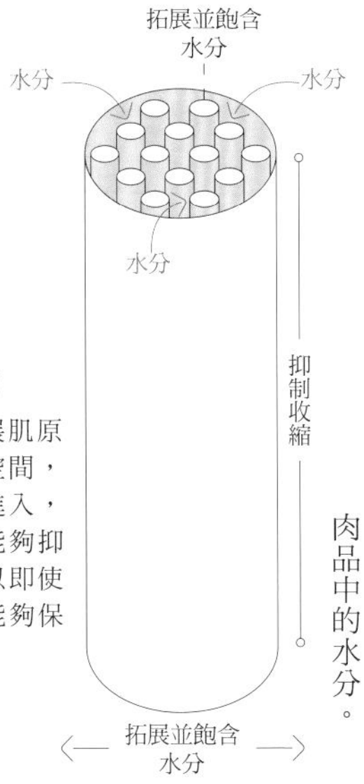

目錄

想要更加認識

鹽糖水 Q&A

對鹽糖水的各種疑難雜症就由擁有25年經歷的上田老師來一一解答。在日常的餐食製作上絕對可以派上用場。

Q 無論是哪一種魚或肉都可以嗎？

適合選擇脂肪較少，會因為加熱導致水分流失而變得乾柴的肉或魚類。比較不容易流失水分的牛肉、雞腿肉或者是梅花肉，在醃漬之後肉質不會有太多不同，反而沒有必要多此一舉。

Q 不用塑膠袋，改用密閉容器或調理碗也可以嗎？

可以的！只要能夠將肉、魚全部浸漬在鹽糖水中，無論是哪一種容器都可以使用。只是使用塑膠袋的話，需要用到的鹽糖水份量會比較少。

Q 絕對不會做失敗嗎？

不能說絕對不會失敗。如果過度加熱也會導致水分流失，因此烹煮時要以適當火候為目標，完成柔嫩多汁的口感。

Q 照燒或筑前煮這一類的醬油口味也能做嗎？

經過鹽糖水醃漬後會有一定的鹽味，所以並不適合味道較濃郁的醬油口味。不過本書中有另外介紹以醬油取代鹽巴的「醬油糖水（→P.100）」。雖然無法做出醬油的鹹甜口味，但還是可以變出帶有清爽醬油味的小菜。

Q 鹽糖水是新的調理方式嗎？

不是的，很久以前就已經存在於歐美國家了。像是在耶誕節會品嚐的火雞，就是使用「鹽水Brine」醃漬，或者是製作火腿時用來醃漬肉塊的「鹽水Saumure」，就都是相同的概念。醃漬後可以讓整份肉的味道一致，可說是讓肉質變得濕潤柔軟一種非常有用的調理方式。而將這樣的概念應用到家庭日常的餐食料理上，經過簡化之後就誕生出了鹽糖水。

Q 肉塊也可以醃漬嗎？

當然可以，不過肉塊需要經過事先處理，並且浸漬較久時間。本書中也有介紹使用豬腿肉塊做成的烤火腿以及水煮火腿（→P.70、71），會做出讓人非常驚訝的多汁且柔嫩口感。

關於本書的說明

材料與份量

◎1大匙是15mℓ，1小匙是5mℓ。

◎鹽是粗鹽，砂糖是白砂糖，酒是日本酒。

◎奶油是使用有鹽奶油，鮮奶油則是使用脂肪含量40%的產品。

◎材料的份量是2人份，不過依照菜品的不同，部分為了方便烹煮份量會比較多。

◎配菜請依照當下手邊有的材料做準備。

作法

◎未特別註記時，蔬菜類都需要去皮，依據種類有些也需要去芯去籽。蕈菇類則需要切除蒂頭。

◎微波爐功率是600W。

◎烤箱使用瓦斯烤箱。由於依照機器種類的不同會有個別差異，在使用家中烤箱的時候，請一邊觀察一邊調整溫度或時間。

營養成分

◎刊載依據是2015年版(七訂)日本食品標準成分表。

1章 軟嫩多汁的低脂肪 肉料理

烹煮脂肪較少的肉類料理時，
首先要考慮的就是好入口，
但是這樣卻很容易變成單一的料理模式。
不過只要使用了鹽糖水醃漬，
無論是哪一種料理方式，
吃起來的口感都十分柔嫩多汁，而且美味度暴增。
接著就來為大家介紹種類豐富的健康料理。

使用鹽糖水醃漬會變美味的肉品部位

因為加熱就容易變得乾柴的肉類，
就適合來使用鹽糖水醃漬。
尤其是偏好低脂肪、高蛋白食物，
並且注重健康餐食的人，
特別推薦使用這個方法。
接著來介紹本書中會使用到的肉類部位。

＊標示的數據是100g左右生肉所包含的成分。

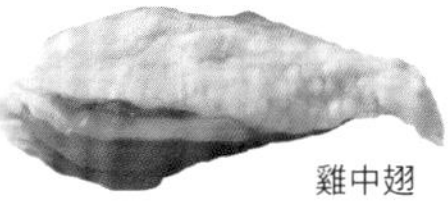

雞中翅

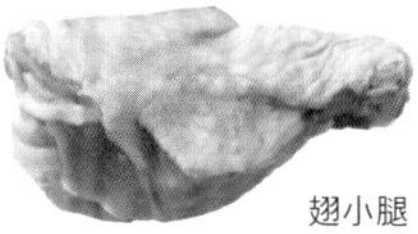

翅小腿

〔雞中翅〕
蛋白質17.8g
熱量210kcal
碳水化合物0.0g
脂肪14.3g

〔翅小腿〕
蛋白質18.2g
熱量197kcal
碳水化合物0.0g
脂肪12.8g

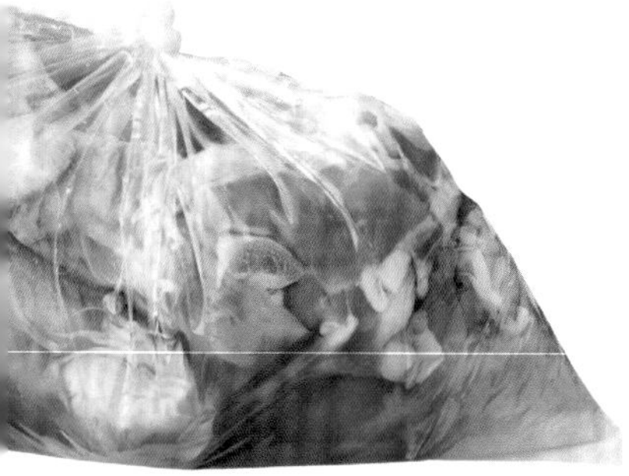

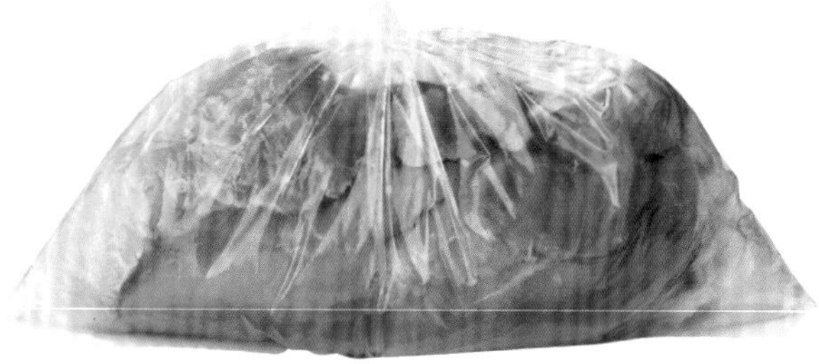

雞胸肉

如同文字就是雞胸部位的肉品，也是現在話題最夯，含有能夠消除疲勞的咪唑二肽成分的部位。另外能夠有效防止大腦老化、快速入睡、減輕壓力的色胺酸含量也很豐富，可說是低卡路里、高蛋白質的代表性肉品。人氣的雞肉沙拉就是使用雞胸肉。

〔帶皮〕
蛋白質21.3g
熱量145kcal
碳水化合物0.1g
脂肪5.9g

〔去皮〕
蛋白質23.3g
熱量116kcal
碳水化合物0.1g
脂肪1.9g

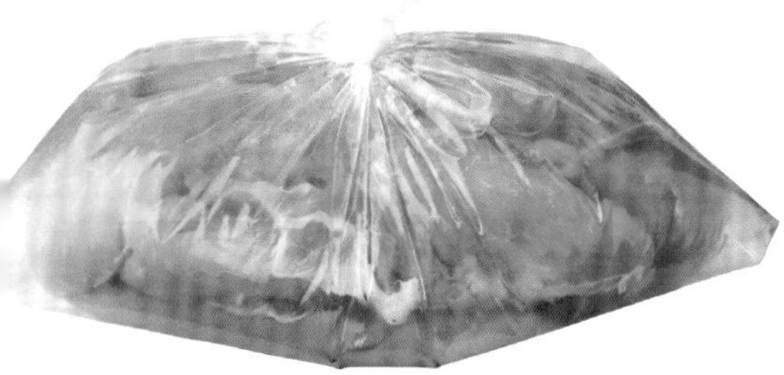

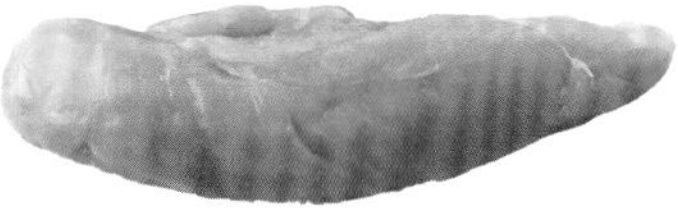

蛋白質23.9g
熱量109kcal
碳水化合物0.1g
脂肪0.8g

雞里肌肉

屬於雞胸肉的一部分，沿著肋骨生長、脂肪量較少的部位，相當於牛肉或豬肉的「里肌」部位，沒有腥味、具備著穩定的風味。與雞胸肉一樣擁有豐富蛋白質，對於運動員或是正在減肥中的人來說，可以多加運用在餐食裡。記得去除中間的白筋後再來烹煮。

雞翅膀

雞的翅膀部位，如果以人來類比的話，相當於手肘到手指尖的部位，而雞翅就是將翅膀呈現「く」字形狀的前端分切下來，在日本也會稱為「Chicken Rib」。至於稱做「Wing Stick」的翅小腿則屬於靠近翅膀上腕的部位，口感比雞中翅更加清爽。無論是翅小腿還是雞中翅的滋味都十分濃厚，適用於燉煮、燒烤或是油炸等各種料理方法，而且使用鹽糖水醃漬過後骨肉更容易分離，吃起來更加方便。

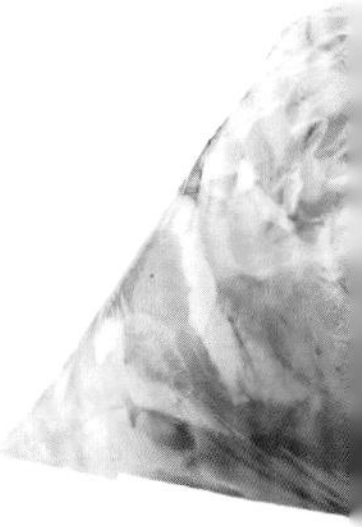

〔帶脂肪〕
蛋白質20.5g
熱量183kcal
碳水化合物0.2g
脂肪10.2g

〔瘦肉〕
蛋白質22.1g
熱量128kcal
碳水化合物0.2g
脂肪3.6g

豬腿邊角肉

豬腿肉是屬於臀部周圍的部位，脂肪較少，以瘦肉為主，高蛋白質低脂肪且富含維他命B1，擁有清爽的滋味。「邊角肉」則是在切片或整理肉塊形狀時剩下來的部分，但是有指定部位；而同樣也是切邊肉的「碎肉」則是混合了各個不同部位。本書所使用的材料是豬腿邊角肉，但是使用碎肉也無妨。

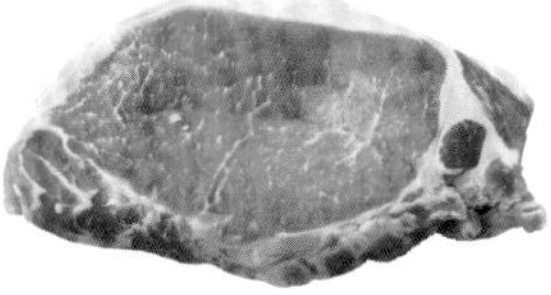

〔帶脂肪〕
蛋白質19.3g
熱量263kcal
碳水化合物0.2g
脂肪19.2g

豬里肌肉

位於背部中央的肉品，屬於平均擁有肉質細膩柔嫩瘦肉以及風味強烈脂肪的部位，含有可以幫助醣類、脂肪、蛋白質在體內活化的維他命B1和B3，對於用心積極減醣的人來說，屬於適合大量攝取的肉品部位。本書在煎豬排或是炸豬排時會使用到厚片的豬里肌肉片。

材料（2人份）

- 鹽糖水醃漬的雞胸肉…1片
- 鹽糖水…（鹽）2/3小匙（糖）1/2大匙（水）100mℓ
- 胡椒…少量
- 酪梨…1大個
- 番茄…1大顆
- 橄欖油…1大匙
- 美乃滋…約1大匙

雞肉與酪梨、番茄的三重燒

3種食材口感都十分柔軟，
交織在口中的美妙滋味，
絕對會是人生初體驗。
而且僅僅只是加上了美乃滋，
味道就非常地足夠。
最後再擠上一些檸檬汁，
就是一道絕佳的葡萄酒下酒菜。

作法

1 首先去除醃漬雞胸肉的鹽糖水，使用紙巾擦掉多餘水分，斜切成1cm厚並灑上胡椒。酪梨對半切開，去除果核後剝皮，切成1cm厚。番茄去除蒂頭之後，切成1cm厚。

2 在耐熱烤盤上將**1**依照番茄→雞肉→酪梨→雞肉的順序重疊斜放，均勻淋上橄欖油（圖片**a**），放進烤箱烤約10分鐘直至雞肉熟透。

3 等雞肉熟透以後再均勻地淋上美乃滋（圖片**b**），接著烤3～5分鐘。

＊為了讓雞肉熟透，請注意避免肉片重疊。

紅綠交錯排列並均勻地淋上橄欖油。

約烤10分鐘後取出，再均勻淋上美乃滋就不會烤焦。

HALES

材料（2人份）

- 鹽糖水醃漬的雞胸肉…1片
- 鹽糖水…鹽2/3小匙 糖1/2大匙 水100mℓ
- 胡椒…適量
- 麵粉…適量
- 雞蛋…1顆
- 起司粉…1又1/2大匙
- 橄欖油…1大匙
- 嫩葉生菜…適量

義式香雞排
(Chicken Piccata)

所謂的「Piccata」，
就是將肉或魚裹上蛋汁後再油煎的簡單料理。
使用鹽糖水醃漬後會變得更加豐滿柔軟。
在蛋汁裡添加起司的話，
煎好後的風味會更加豐富。
豬肉或白肉魚也適合這個烹調方法。

作法

1 將蛋放進碗中並打碎，加入起司粉並攪拌均勻。去除醃漬雞胸肉的鹽糖水，使用紙巾充分擦掉水分，斜切成1.5㎝厚並灑上胡椒。

2 將**1**的雞肉拍上一層薄薄的麵粉，平底鍋中倒進橄欖油並開較小的中火，翻轉雞肉全裹上蛋汁後（圖片**a**）排放在平底鍋中，單面煎約2分鐘（圖片**b**）。
＊在蛋汁固定以前不要移動，蛋衣能夠防止水分流失。

3 翻面再煎2分鐘，接著視情況持續翻面煎約1分鐘，注意不要燒焦，讓肉充分熟透。擺盤時點綴上嫩葉生菜。

將1切成塊，並且均勻地裹上蛋汁。

蛋汁還有剩的話可以淋上雞肉，或者直接做成煎蛋。

材料（2人份）

鹽糖水醃漬的雞胸肉…1片

鹽糖水…(鹽)2/3小匙 (糖)1/2大匙 (水)100mℓ

麵粉…適量

A 雞蛋…1/2顆
— 麵粉…2大匙
— 水…約1小匙

麵包粉…適量

鹽、胡椒…皆適量

油炸用油…適量

〔紫蘇塔塔醬〕

— 紫蘇葉（切碎）…5片左右
— 洋蔥（切細絲）…1/4顆左右
— 山葵…1小匙
— 美乃滋…3大匙

生菜…適量

炸雞排

藏在酥脆麵衣裡的，
是讓人無比感動的多汁軟嫩雞胸肉。
為了留住肉汁，
特別在麵衣中下了一點功夫。
而加了紫蘇葉的自製塔塔醬，
則帶來畫龍點睛的風味。

使用麵糊讓口感更膨鬆

在蛋汁裡加入少量麵粉而成的麵衣就稱為麵糊。特色是比蛋汁更具有包覆力，也因此更能夠完整地沾裹上麵包粉，防止肉排中的水分流失，油炸後的口感更加膨鬆。

作法

1 製作紫蘇塔塔醬，拿適量鹽巴（材料以外）灑上洋蔥，出水後用手搓揉，泡水5分鐘後再搓揉一次就可以瀝乾水分。加入其他塔塔醬材料，攪拌均勻。

2 去除醃漬雞胸肉的鹽糖水，使用紙巾充分擦掉水分，斜切成厚度一致的3等份（圖片**a**）。

3 將**A**混合並攪拌，把**2**灑上胡椒並拍上一層薄麵粉，沾裹**A**（圖片**b**）以後再滾上麵包粉。

4 油加熱到170℃，將**3**放進油鍋中油炸5～6分鐘至表面呈現金黃色，徹底瀝淨炸油後，稍微降溫就可以切成合適大小。最後與生菜一起擺盤，並添加**1**。

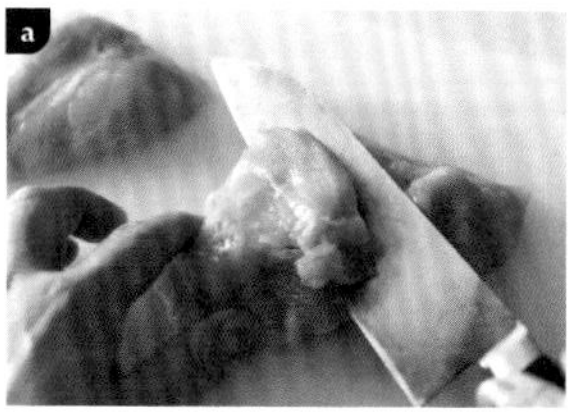

為了讓雞肉可以完全熟透，切片時的厚薄度要一致。

麵粉分多次少量地加入蛋汁攪拌，將肉片均勻地裹上麵糊，就可以防止肉汁流失。

西班牙彩蔬雞丁

將酒吧裡最人氣的下酒小菜，
使用雞胸肉以及蔬菜做成家常菜餚。
雞肉切成大塊，
避免煮到過熟，
口感吃起來更加柔嫩。

材料（2人份）

鹽糖水醃漬的雞胸肉…1片
鹽糖水…(鹽)$\frac{2}{3}$小匙 (糖)$\frac{1}{2}$大匙 (水)100mℓ
彩椒（紅・黃）…各$\frac{1}{2}$個
櫛瓜…1條
A 大蒜…1瓣
─ 紅辣椒…1小條
─ 橄欖油…約4大匙
＊當季蔬菜或蕈菇類也可以。

作法

1 去除醃漬雞胸肉的鹽糖水，使用紙巾充分擦掉水分，切成2㎝左右的雞丁。彩椒切成不規則狀，櫛瓜切成半圓形厚片。大蒜去芯切成2㎜薄片。紅辣椒去籽切成環狀。

2 小型平底鍋（直徑約20㎝）裡放入**A**開中火，大蒜開始上色時加入**1**的雞肉，不時翻面煎2分鐘。
＊油的份量可以依照喜好增減。

3 加入剩下的蔬菜，同樣加熱2～3分鐘後就可以離開爐火。

焗烤牽絲蕈菇雞

不使用鮮奶油，
而是以山藥以及起司烹煮而成，
濃稠牽絲的健康焗烤。
而且因為起司裡添加了醬油，
烤出來的料理別具焦香風味。

材料（2人份）

鹽糖水醃漬的雞胸肉…1片

鹽糖水…(鹽)$\frac{2}{3}$小匙 (糖)$\frac{1}{2}$大匙 (水)100㎖

鴻喜菇…1小包

青蔥（切成蔥花）…5㎝長

山藥…300g

胡椒…少量

披薩用起司絲…60g

醬油…1小匙

橄欖油…2小匙

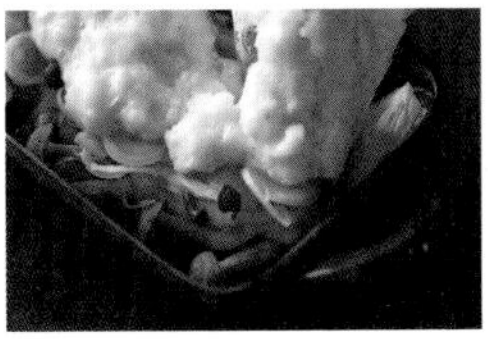

將塑膠袋剪去一角，就能輕鬆將山藥泥均勻擠出。

作法

1 去除醃漬雞胸肉的鹽糖水，使用紙巾充分擦掉水分，對半切開以後斜切成1㎝厚，灑上胡椒拌勻。鴻喜菇切除蒂頭並一一分開。焗烤盤裡放入雞肉、鴻喜菇、青蔥，倒入橄欖油讓每一種食材都能平均裹上油。

2 山藥簡單切塊後放入塑膠袋，以擀麵棍敲碎但需要保留口感。烤箱先以200℃預熱。

3 將**1**烤約7分鐘後取出，**2**的塑膠袋剪去邊角後均勻擠出來（左上圖）。擺上拌入醬油的披薩用起司絲，繼續以烤箱烤約10分鐘直至表面上色。

辣炒番茄雞丁

能促進食慾的辣醬，
與滋味清爽的雞胸肉堪稱是完美搭檔。
先將雞肉拍上太白粉，
不僅能防止美味肉汁外流，
烹煮出來的口感更加軟嫩，
還能自然產生勾芡濃稠感。

材料（2人份）

鹽糖水醃漬的雞胸肉…1片

鹽糖水…（鹽）2/3小匙（糖）1/2大匙（水）100mℓ

太白粉…2小匙

小番茄…10顆

A 豆瓣醬…1/2小匙
生薑（切碎）…1小匙
大蒜（切碎）…1/2小匙
芝麻油…1/2大匙

B 醋…1大匙
番茄醬…1大匙
砂糖…1/2大匙
醬油…1小匙
水…3大匙

青蔥（切碎）…3大匙

沙拉油…1/2大匙

作法

1 去除醃漬雞胸肉的鹽糖水，使用紙巾充分擦掉水分，對半切開以後斜切成1.5㎝厚。番茄去除蒂頭，將**B**加在一起攪拌均勻。

2 將**1**的雞肉拍上太白粉，倒油至平底鍋內並以中火加熱。將雞肉排放在鍋內，兩面都稍微煎過後取出。

3 使用廚房紙巾將**2**的平底鍋擦拭乾淨，放入**A**並開中火，等到香味傳出後簡單熱炒一下**1**的小番茄。

4 加入**B**，同時也把**2**的雞肉再倒回鍋內（右圖），翻炒約1分鐘直至所有食材都呈現濃稠狀，放入蔥花充分混合後關火。

雞肉加熱後先取出來，能夠避免過熟並保有膨鬆口感。

奶油燉雞

巴斯克風味燉雞

奶油燉雞

材料（方便製作的份量）

鹽糖水醃漬的雞胸肉…1片

鹽糖水…（鹽）2/3小匙（糖）1/2大匙（水）100mℓ

洋蔥…1/2顆

紅蘿蔔…1/2根

馬鈴薯…2小顆

綠花椰菜（已經分成小朵）…4朵

〔奶油麵粉糊〕

— 奶油（已經軟化）…20g

— 麵粉…20g

水…400mℓ

牛奶…200mℓ

鹽、胡椒…皆適量

沙拉油…1小匙

以牛奶將雞胸肉簡單燉煮，屬於一道滋味十分清爽的燉菜。由於雞肉本身已經非常入味，而蔬菜又是煮過以後才添加進來，因此只需要火煮開以後就充分烹煮完成。

因為醬汁相當清爽，拿法棍麵包沾裹品嚐也十分美味。

作法

1 洋蔥切成半月形，紅蘿蔔切成較厚的扇形，馬鈴薯則是切成一口大小，綠花椰菜對半切開。去除醃漬雞胸肉的鹽糖水，使用紙巾充分擦掉水分，切成2～3㎝肉塊，灑上少量的胡椒。在碗中放入奶油麵粉糊的材料，充分攪拌至麵糊十分滑順。

＊雞肉切大塊能防止過度熟透，也能夠烹煮出燉肉口感。

2 鍋內倒入沙拉油並開中火，加入**1**的洋蔥、紅蘿蔔、馬鈴薯後簡單炒過，倒入水後等到沸騰就轉小火，蓋上鍋蓋悶煮7～10分鐘至熟透。

3 倒入牛奶、**1**的綠花椰菜、雞肉（圖片**a**）並轉成較弱中火，一經煮沸後立刻關火。將少量湯汁添加至奶油麵粉糊裡，均勻地攪拌混合後再倒回鍋中（圖片**b**），再一次將所有材料攪拌均勻。

4 再次打開中火並不時進行攪拌加熱，加入鹽、胡椒調味，燉煮到開始出現濃稠感，而雞肉完全熟透為止。

＊重新加熱時記得不要煮沸。

蔬菜煮過以後再加入雞肉，要防止過度加熱。

濃稠口感來源的「奶油麵粉糊」，只要加入湯汁就可以充分攪拌均勻。

材料（方便製作的份量）
鹽糖水醃漬的雞胸肉…1片
鹽糖水…（鹽）2/3小匙（糖）1/2大匙（水）100mℓ
洋蔥…1/2顆
芹菜…1/2條
彩椒（黃）…1/2顆
青椒…2顆
水煮番茄罐頭（切丁）…1罐（400g）
白酒（或者水）…60mℓ
鹽、胡椒…皆適量
橄欖油…2大匙

巴斯克風味燉雞

融入了各式各樣蔬菜精華，
一道充滿番茄風味的巴斯克燉雞。
滋味清爽的雞胸肉，
與蔬菜的美味交織在一塊，
組成了讓人品味再三的絕佳料理。

搭配上白飯一起盛盤，再灑上一些起司粉，就是一份餐點了。

作法

1 將洋蔥、芹菜切碎，彩椒、青椒則是切成碎丁。去除醃漬雞胸肉的鹽糖水，使用紙巾充分擦掉水分，對半切開以後斜切成1.5cm厚，灑上少量胡椒。

2 平底鍋裡倒入一半的橄欖油開中火，將**1**的雞肉兩面稍微煎過後取出。
＊煎過以後肉香更強烈，這時候的雞肉還沒有完全熟透。

3 **2**的平底鍋裡放入**1**的蔬菜，翻炒約3分鐘直至熟透，倒入白酒攪拌並燉煮至湯汁接近收乾為止，這時再加入水煮番茄罐頭（右圖），沸騰後轉成小火，持續燉煮約8分鐘並不時攪拌一下。

4 重新加入**2**的雞肉，燉煮約3分鐘直至熟透，並添加鹽、胡椒調整味道，最後淋上剩下的橄欖油即可。
＊雞肉煮熟後立刻從火上移開，就能夠擁有柔嫩口感。

倒進白酒，經過時間充分燉煮，能夠為蔬菜添加風味。

自家製水煮雞

水煮雞因為既健康又方便，儼然已經成為超級市場或便利商店裡，一大經典熱銷商品。

而且使用鹽糖水醃漬過以後，肉質會更加地柔嫩帶汁，做出來的水煮雞會更加美味。

不僅製作方法簡單，可做成的料理更是千變萬化。

除了接下來要介紹的各種應用食譜以外，也可以做成中華涼麵或素麵、三明治、日式西式中式的沙拉或者是涼拌菜等等，早、午、晚餐都能夠完美發揮。

與蒸出來的肉湯，可以一起放置在冰箱冷藏放置2天。

作法

1 去除醃漬雞胸肉的鹽糖水，使用紙巾充分擦掉水分，靜置在室溫中。

2 平底鍋裡放入酒、水再把1放到中間，蓋上鍋蓋開中火。

3 汁水沸騰以後把雞肉翻面，再蓋回鍋蓋並轉成較弱的中火，繼續加熱7分鐘。

4 關火靜置直到放涼為止。

哈囉，各位呀～
只要一個塑膠袋就能夠
變身成為水煮雞唷！

完成～！

水煮雞
ＧＯＯＤ

材料（方便製作的份量）

鹽糖水醃漬的雞胸肉…1片

鹽糖水…
(鹽) 2／3小匙
(糖) 1／2大匙
(水) 100 ml

酒… 30 ml

水… 80 ml

雞肉生春捲

蔬菜只需要使用冰箱裡有的材料即可。
不過要是添加了香菜，
吃起來會更具有東南亞風情。

材料（2人份）

- 自家製水煮雞（↓P.30）…1/2片
- 紅蘿蔔（切條）…30g
- 彩椒（切條）…50g
- 紫洋蔥（切薄片）…50g
- 萵苣…約8片
- 生春捲皮…6片

〔沾醬〕

- 醋…1大匙
- 砂糖…1大匙
- 魚露…1大匙
- 水…1大匙
- 辣椒（或辣椒粉）…少量
- 花生（切碎）…適量

作法

1 紫洋蔥拌入少量鹽巴（材料以外）輕輕揉搓，再泡在水中約5分鐘，經過再一次輕輕揉搓然後擠乾水分。萵苣用手撕成大塊。自家製水煮雞撕成方便食用大小。包含紅蘿蔔、彩椒在內，所有的食材全都分成6等分，將一份生春捲所需要的食材都擺放在一個盤子裡。

2 將乾淨布巾沾水後擰乾並攤開，生春捲皮快速沾水後平鋪在布巾上，把1的一份生春捲所需食材迅速鋪在中央，在春捲皮變軟前捲起包好，最後讓接合處朝下，按壓直到春捲皮黏起來。剩下的也是用同樣方法捲好。

＊生春捲皮可以開始使用的硬度，差不多就像是透明文件夾一樣，就算包好以後皮還是很硬也沒關係，過一陣子就會變軟。

3 沾醬所有材料混合並攪拌。把2切成適合食用大小再裝盤，一併附上沾醬。

美味馬鈴薯沙拉

使用美乃滋優格醬調味，
清爽的大人味。

材料（2人份）

- 自家製水煮雞（→P.30）…1/2片
- 馬鈴薯…2顆
- 水煮蛋…2顆
- 洋蔥…1/4顆
- **A** 醋…1/2大匙
- 鹽…1/4小匙
- 胡椒…少量
- **B** 美乃滋…2大匙
- 原味優格…2大匙
- 粗粒黑胡椒…適量

作法

1 馬鈴薯切成一口大小，汆燙至筷子可以戳入的程度後取出，倒掉熱水再放回鍋中並開中火，輕晃幾下鍋子讓多餘水分蒸發。趁熱將馬鈴薯丁全部壓碎，加入**A**攪拌並放涼降溫。

2 洋蔥切成細絲並灑上適量鹽巴（材料以外），揉搓直到出水為止，再泡在水中約5分鐘，經過再一次揉搓然後擠乾水分。自家製水煮雞切成較小塊的雞丁。

3 在**1**當中加入**B**後充分攪拌，接著加入水煮蛋並輕輕壓碎，把**2**加入後將所有食材全部混合在一起，擺上餐盤後可依個人喜好灑上粗粒黑胡椒。

棒棒雞

因為雞肉本身已經很入味，
醬汁不用太多就能吃到好風味。

材料（2人份）

- 自家製水煮雞（→P.30）…1/2片
- 小黃瓜…1條

〔醬汁〕

- 白芝麻…1又1/2大匙
- 胡麻醬…1又1/2大匙
- 醬油…1又1/2大匙
- 醋…1大匙
- 砂糖…1/2大匙
- 生薑（磨成泥）…1/2小匙
- 青蔥（切成蔥花）…5cm長
- 芝麻油…1/2大匙

作法

1 用刨絲器將小黃瓜削成薄片，自家製水煮雞撕成方便入口大小並擺上餐盤。

2 混合所有醬汁材料後，淋在**1**上面。

水煮雞涼拌醬汁

水煮雞肉本身已經具備足夠味道，因此涼拌醬汁口味可以選擇比較清爽的，讓味蕾充分感受到蔬菜的新鮮滋味。而且因為從冰箱拿出來就可以直接食用，在沒時間做菜時，是非常方便的常備菜。

＊自家製水煮雞（→P.30）1片大約是2人份，不妨使用斜切方式，增加沾裹到醬汁的面積。

莎莎醬

因為沒有放鹽，即使長時間放置，也無須擔心會出水變難吃！

材料（自家製水煮雞1片）

- 番茄…1大顆
- 青椒…1顆
- 芹菜…2cm
- 紫洋蔥＊…1/4顆（50g）
- 橄欖油…2大匙
- 辣椒粉…適量

＊沒有的話，可將洋蔥泡水後使用。

作法

1 番茄對半切開後去籽，切成1cm大小碎丁。青椒、芹菜、紫洋蔥隨意切碎，紫洋蔥泡水約5分鐘後，充分將水分擠乾。

2 全部材料混合在一起並攪拌均勻，淋在斜切的自家製水煮雞肉塊上。

＊食用時請依照個人喜好添加鹽巴。

薑片洋蔥絲酸醋醬

將酸醋醬的材料全部混合起來，放置約半天時間，風味會更加有深度。

材料（自家製水煮雞1片）

- 甜醋醃漬生薑（薑片）…60g
- 茗荷…2條
- 洋蔥…1顆
- 醋…3大匙
- 水…2大匙
- 砂糖…1又1/2大匙
- 鹽…1/2小匙
- 沙拉油…1又1/2大匙

作法

1 洋蔥灑上適量鹽巴（材料以外），揉搓直到出水為止，再泡在水中約5分鐘，經過再次揉搓然後擠乾水分。茗荷對半切開再切成細絲，甜醋醃漬生薑稍微去除汁水後切成大塊。

2 將碗內所有材料混合並攪拌，最少要放置2個小時，再淋在斜切的自家製水煮雞肉塊上。

水煮雞肉佐蔬菜起司醬

這是一道充分發揮水煮雞特色，
用起司包裹住鬆軟柔嫩的雞胸肉，
味道非常濃郁的料理。
使用白酒取代牛奶，
會更加有起司火鍋的韻味。

材料（2人份）

鹽糖水醃漬的雞胸肉…1片
鹽糖水…鹽2/3小匙 糖1/2大匙 水100mℓ
白酒（或者酒）…2大匙
水…100mℓ
綠蘆筍…3條
綠花椰菜（已經分成小朵）…4朵
麵粉…1/2大匙
披薩用起司絲…100g
牛奶…80mℓ
沙拉油…1小匙
粗粒黑胡椒…適量

作法

1 綠蘆筍斜切成5㎜。綠花椰菜對切成4等分。

2 將鹽糖水醃漬的雞胸肉依照自家製水煮雞（→P.30）的**1**～**3**作法，使用平底鍋加熱8分鐘，取出來後用錫箔紙包起來，蒸出來的肉汁留在平底鍋裡。

＊自家製水煮雞材料中的酒也可以換成白酒。使用錫箔紙包起來，這樣就不必擔心在製作醬汁時，雞肉會降溫變涼。

3 將**2**的平底鍋裡加入**1**以及沙拉油，蓋上鍋蓋開中火煮約1分鐘，接著打開鍋蓋揮發水分後，把麵粉均勻地倒入鍋內（圖片a），拌炒到看不出來麵粉為止即可加入牛奶，不時攪拌直到開始出現濃稠感，接著繼續加入披薩用起司絲（圖片b），迅速攪拌讓起司融化。

4 將**2**切片並擺盤，淋上**3**以後再灑上粗粒黑胡椒。

將蔬菜裹上麵粉，就不用擔心起司會結塊，能完美地攪拌在一起。

麵粉與牛奶充分混合，等到出現濃稠感時加入起司絲。

材料（2人份）

- 鹽糖水醃漬的雞胸肉…1片
- 鹽糖水…（鹽）2/3小匙（糖）1/2大匙（水）100mℓ
- 太白粉…1/2大匙
- 青江菜…2把
- 生薑（切絲）…1小塊
- 水…1大匙
- 芝麻油…1/2大匙

青江菜清炒雞胸肉

只要用醃漬過的雞胸肉，
以生薑加上芝麻油一同充分炒香即可，
完全不需要多餘調味。
青江菜以水蒸氣蒸熟，
不但能熟透還保留爽脆口感。

作法

1. 青江菜對半切開以後，從根部開始分切成6～8等分。去除醃漬雞胸肉的鹽糖水，使用紙巾充分擦掉水分，對半切開以後斜切成1㎝厚。
2. 將1的雞肉灑上一層薄薄太白粉。平底鍋內倒入芝麻油並開中火，等到鍋子熱了以後放入雞肉，兩面稍微煎過就可以取出。
3. 將2的平底鍋火力轉強，放入1的青江菜根部、水後快速炒過，等到變軟後再加入葉片部分和雞肉，所有食材一起翻炒，將雞肉炒熟。

＊青江菜的根部稍微過火就可以加入葉片部分，這樣的口感會更加清脆。

材料（2人份）

鹽糖水醃漬的雞胸肉…1片
鹽糖水…(鹽) 2/3小匙 (糖) 1/2大匙 (水) 100mℓ
生菜…200g
芹菜…1條
大蒜…1片
檸檬（切片）…2片
檸檬汁…1大匙
鹽、胡椒…皆適量
橄欖油…2大匙

生菜檸檬炒雞肉片

這是充滿生菜與檸檬清新風味，滋味十分清爽的一道炒菜。在生菜還是半熟狀態時就關火，裝盤時依舊保留著爽脆的口感。

作法

1 生菜用手撕成大塊。芹菜斜切成5㎜長小段。大蒜去芯切成薄片。去除醃漬雞胸肉的鹽糖水，使用紙巾充分擦掉水分，對半切開以後斜切成1㎝厚。

2 平底鍋鋪上**1**的雞肉，依序分散放入芹菜、檸檬、大蒜，均勻淋上橄欖油後開中火，等到平底鍋加熱後蓋上鍋蓋，中間不時要攪拌一下，加熱3分鐘。
＊感覺快要燒焦時請添加少量的水。

3 雞肉熟了以後，加入**1**的生菜並蓋上鍋蓋，稍微悶煮一下就可以將所有食材充分攪拌混合。以鹽、胡椒調味後，淋上檸檬汁。
＊依照個人喜好，也可以加入芹菜葉。

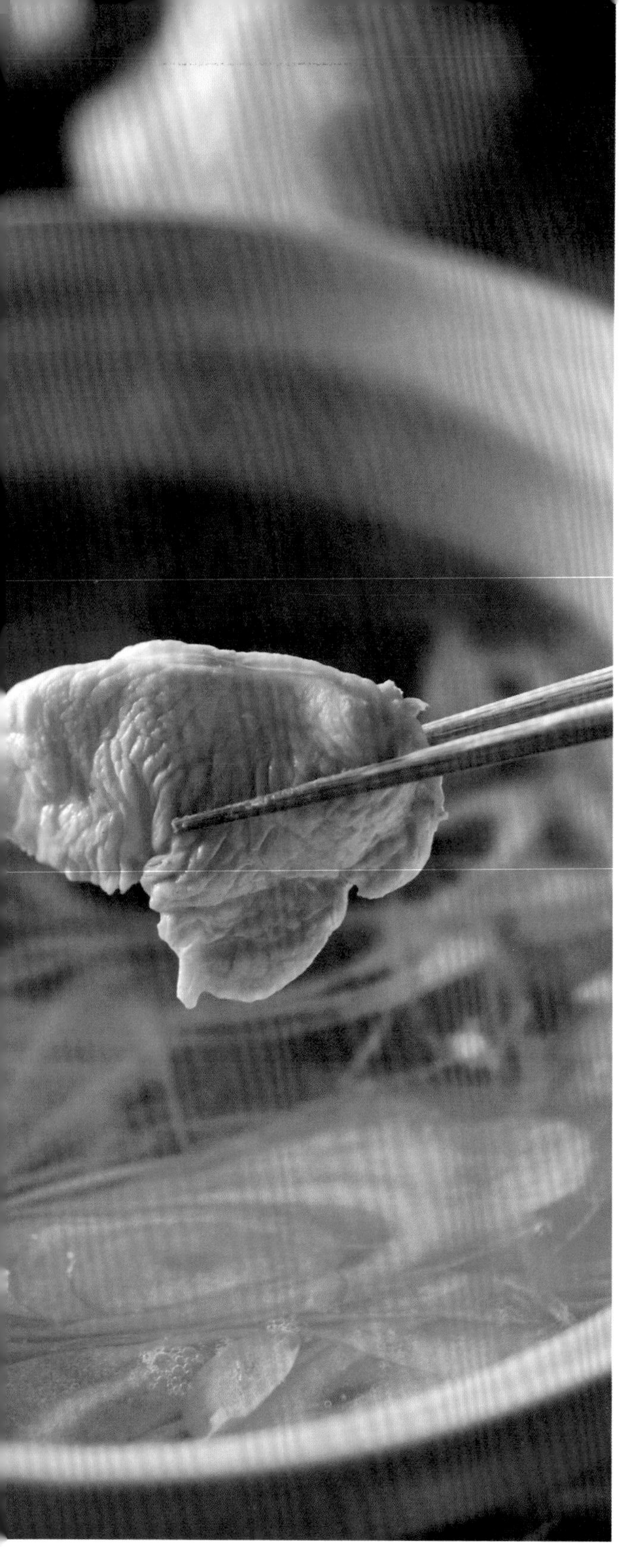

材料（2人份）

鹽糖水醃漬的雞胸肉…1片

鹽糖水…鹽2/3小匙 糖1/2大匙 水100mℓ

青蔥…1～2條

鴨兒芹…1把

蘿蔔、紅蘿蔔…皆適量

A 昆布…1片（5g）

—水…1～1.5ℓ

酒…50mℓ

＊蔬菜可挑選蕈菇、白菜等喜好種類搭配。

雞肉涮涮鍋

稍微汆燙過的雞肉，

幾乎是入口即化般的柔嫩。

而這也正是品嚐雞肉涮涮鍋的醍醐味。

也很推薦使用豬里肌肉的「豬肉涮涮鍋」。

2種沾醬

〔芝麻沾醬（方便製作的份量）〕

胡麻醬…1又1/2大匙
白芝麻…1又1/2大匙
醬油…1又1/2大匙
砂糖…1小匙
昆布高湯（火鍋用）…2大匙

所有材料全部混合在一起。

〔中華辣醬（方便製作的份量）〕

B 豆瓣醬…1/2小匙
生薑（切碎）…1小匙
大蒜（切碎）…1/2小匙
芝麻油…1大匙
醬油…1又1/2大匙
醋…1大匙

1 耐熱碗中加入**B**。小型平底鍋裡倒入麻油開火，加熱到稍微開始冒煙時，倒入碗中並攪拌混合。
2 加入剩下的材料繼續混合完成。

作法

1 砂鍋裡倒入**A**，放置約15分鐘後開火煮至沸騰。
2 青蔥斜切成薄片。蘿蔔與紅蘿蔔使用刨絲器削成薄片。鴨兒芹切成適合入口大小。去除醃漬雞胸肉的鹽糖水，使用紙巾充分擦掉水分，對半切開以後斜切成火鍋薄片。
＊將雞肉放入冷凍庫裡大約1小時，些微冷凍的狀態比較容易切成火鍋薄片。
3 取出**1**的昆布，加入酒後將鍋子放到卡式瓦斯爐上，將肉片、蔬菜快速涮一下，就可以沾上芝麻醬、中華辣醬品嚐。
＊5㎜的雞肉煮熟約需30秒。

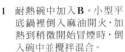

材料（2人份）

- 鹽糖水醃漬的雞胸肉…1片
- 鹽糖水…鹽 2/3小匙 糖 1/2大匙 水 100mℓ
- 白菜…1/4顆
- 香菇…3朵
- 干貝（罐頭）…1小罐（70g）
- A 酒…50mℓ
  - 水…50mℓ
  - 芝麻油…1大匙
- 鹽、胡椒…皆適量
- 〔芡汁〕
  - 太白粉…1小匙
  - 水…2小匙

干貝白菜燉雞

燉煮直到無比軟爛，
白菜的甘甜與干貝的鮮美滋味。
品嚐的到海陸精華的一道菜，
而湯汁也會完整地
滲入嫩滑的雞胸肉中。

作法

1 白菜切成3～4㎝寬。香菇切掉蒂頭後斜切片。去除醃漬雞胸肉的鹽糖水，使用紙巾充分擦掉水分，斜切成1㎝厚。

2 鍋子（或是平底鍋）裡加入**1**的白菜、香菇、干貝罐頭的湯汁，倒入**A**後蓋上鍋蓋並開中火。煮沸後繼續蒸煮約10分鐘，直到白菜已經變得軟爛為止。

＊使用干貝罐頭的湯汁燉煮蔬菜，可以融合整體鮮美滋味。

3 干貝、**1**的雞肉平均擺放入鍋內，蓋上鍋蓋，繼續煮1～2分鐘讓雞肉熟透。以鹽、胡椒調整味道，最後淋上芡汁勾芡即可。

酒蒸生薑海味雞

酒蒸海瓜子加上雞肉還有海帶芽，
就成為了一道美味主菜。
僅僅只是將食材疊加在一起，
海帶芽透過水蒸氣就吸收了滿滿精華。

材料（2人份）

- 鹽糖水醃漬的雞胸肉…1片
- 鹽糖水…(鹽)2/3小匙 (糖)1/2大匙 (水)100mℓ
- 海瓜子（吐過沙）…200g
- 海帶芽（鹽醃）…40g
- 金針菇…1小袋
- 生薑（切絲）…1小塊
- **A** 酒…2大匙
- 　水…2大匙
- 蔥（切成蔥花）…3條

作法

1 用流動的水清洗海帶芽，接著浸水泡開後，擠乾水分並切成方便入口的大小。刷洗海瓜子的外殼。金針菇切除蒂頭。去除醃漬雞胸肉的鹽糖水，使用紙巾充分擦掉水分，斜切成約1.5㎝厚。

2 淺鍋（或是平底鍋）裡，將**1**的海帶芽、金針菇平鋪，接著放上雞肉並且不重疊排放。海瓜子均勻擺入鍋內，灑上生薑。倒入**A**後，打開較強的中火。

＊海帶芽鋪在最底層，可以完整地吸收到食物精華。

3 沸騰後蓋上鍋蓋，蒸煮約3～4分鐘直到海瓜子殼都打開。灑上蔥花即可。

＊依照喜好也可以淋上醋橘等柑橘類提味。

雞里肌肉

材料（2人份）

鹽糖水醃漬的雞里肌肉…4～6片（約250g）

鹽糖水…㊣鹽 2/3小匙 ㊣糖 1/2大匙 ㊣水 100mℓ

〔麵糊〕

- 麵粉…5～6大匙
- 氣泡水*1…5～6大匙

麵粉…適量

油炸用油…適量

綠花椰菜*2（水煮）…適量

*1有的話，建議使用氣體較強的氣泡水，啤酒也可以。

*2也推薦使用鹽糖水醃漬的水煮綠花椰菜（→P.96）。

鹹酥雞

酥酥脆脆的麵衣裡是滑嫩又多汁。
好吃到頭一次品嚐，
就讓人忍不住想尖叫！
而薄脆麵衣的秘密就是氣泡水。
是一份讓人想不斷嘗試，
非常簡單的食譜。

作法

1 去除醃漬雞里肌肉的鹽糖水，使用紙巾充分擦掉水分，每一塊斜切成3～4等分。製作麵糊。碗裡放進麵粉、氣泡水，並攪拌混合至起泡（圖片**a**）。

2 **1**的雞里肌肉拍上一層薄薄的麵粉，炸油加熱至中溫，雞肉沾裹麵糊後下油鍋油炸（圖片**b**）約2分鐘，炸到表面酥脆後取出放置在一旁。

3 再一次放入炸油中約20秒，進行更酥脆的二次油炸。瀝油後與綠花椰菜一起裝盤。

以氣泡水取代水，會有酥鬆口感。

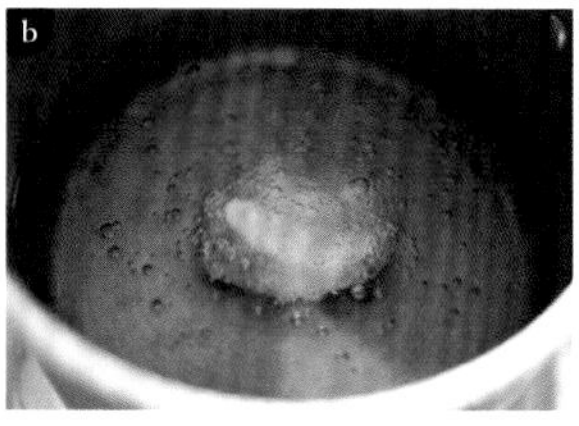

第一次油炸約2分鐘，取出後放置在一旁，用餘熱讓肉完全熟透。

青椒嫩炒雞柳

一道簡單的熱炒，
少許鹽份就能帶出美味。
因為使用鹽糖水醃漬，
才能獲得彈嫩滑順的口感。

材料（2人份）

鹽糖水醃漬的雞里肌肉…4～6片（約250g）
鹽糖水…（鹽）2/3小匙（糖）1/2大匙（水）100mℓ
A 太白粉…1/2大匙
— 沙拉油…1小匙
青椒…6顆
生薑（切絲）…1小塊
酒…1大匙
鹽、胡椒…皆適量
芝麻油…1大匙

作法

1 去除醃漬雞里肌肉的鹽糖水，使用紙巾充分擦掉水分，每一塊對半切開，再斜切成肉絲。青椒切條。

2 **1**的雞里肌肉灑上胡椒後裹上**A**。平底鍋倒入一半的芝麻油，開中火加熱，放入雞里肌肉後，一邊將肉絲攤開一邊輕輕拌炒後取出。

3 **2**的平底鍋裡放入剩下的芝麻油、生薑，開中火爆香後加入**1**的青椒並簡單炒兩下。接著倒酒，等青椒熟透再簡單灑上鹽、胡椒，把2重新倒回鍋裡，輕鬆拌炒均勻即可。

材料（2人份）
鹽糖水醃漬的雞里肌肉…4~6片（約250g）
鹽糖水…鹽2/3小匙 糖1/2大匙 水100ml
黑木耳*（新鮮）…1盒（80~100g）
生薑（切碎）…1小塊
雞蛋…2顆
鹽、胡椒…皆適量
芝麻油…1大匙
*使用乾黑木耳時，準備10g並用水泡開。

黑木耳蛋炒雞柳

經典的一道中華熱炒，
添加雞肉後讓份量看起來更為豐富。
而且因為不需要再做任何調味，
所以可以將所有材料快速翻炒，
達到最完美的清脆口感。

作法

1 黑木耳去除蒂頭，切成合適大小。去除醃漬雞里肌肉的鹽糖水，使用紙巾擦掉水分，斜切成薄片。把蛋打進碗裡攪散，添加鹽、胡椒。

2 平底鍋裡倒入一半的芝麻油開中火，等到開始傳出芝麻油香氣時，倒入**1**的蛋汁並用力攪拌，到半熟狀態時取出。

3 剩下的芝麻油和生薑放入**2**的平底鍋裡並開中火，再放入剩餘的**1**，將雞里肌肉炒到熟透為止，重新加入**2**並充分混合即可。

翅小腿・雞中翅

蘿蔔燉翅小腿

材料（2人份）

鹽糖水醃漬的翅小腿…6根

鹽糖水…鹽2/3小匙 糖1/2大匙 水100mℓ

蘿蔔…10cm（500g）

A 酒…100mℓ

水…200mℓ

昆布（方形5cm）…1片

鹽、胡椒…皆適量

能盡情品嚐到帶骨雞肉精華，
極盡美味的燉煮料理。
先將蘿蔔以微波爐加熱，
抽除大多數水分後會變得皺巴巴，
接下來才能夠充分吸飽湯汁，
吃來不僅軟嫩還會爆漿。

作法

1 蘿蔔平均分成4等分並對半切開，排列在耐熱烤盤中並包上保鮮膜，放進微波爐加熱約8分鐘，軟化到筷子可以戳至底部即可。掀開保鮮膜放涼（下圖）。

2 鍋裡放入**A**以及去除水分的鹽糖水醃漬翅小腿並開中火，水滾後撈除浮渣就可以轉小火，燉煮約10分鐘。

3 將**1**加入**2**，湯汁不足的時候可以隨時加水（材料以外），繼續燉煮約10分鐘，最後添加鹽、胡椒調味即可。

＊也可依照個人喜好添加黃芥末醬。

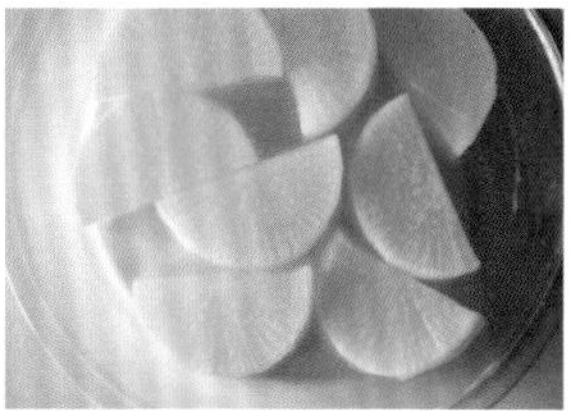

蘿蔔經過放涼收縮後，更方便吸收含有雞翅與昆布甘美精華的湯汁。

翅小腿湯咖哩

雖然是咖哩，卻不需要咖哩塊或高湯，
就擁有了清爽辛香的微辣，
以及帶骨雞肉本身的鮮美滋味。
而且因為是使用鹽糖水醃漬過的翅小腿，
只需要簡單調味即能輕鬆料理。

材料（2人份）

鹽糖水醃漬的翅小腿…6根
鹽糖水…㊣鹽 $\frac{2}{3}$小匙 糖 $\frac{1}{2}$大匙 水 100mℓ
洋蔥…$\frac{1}{2}$顆
馬鈴薯…2小顆
紅蘿蔔…$\frac{1}{2}$根
四季豆…8條
A 大蒜（磨成泥）…1小匙
— 生薑（磨成泥）…$\frac{1}{2}$大匙
— 奶油…15g
咖哩粉…1大匙
B 水…500mℓ
— 鹽…1小匙
鹽、胡椒…皆適量
白飯…適量

作法

1 去除醃漬翅小腿的鹽糖水，使用紙巾充分擦掉水分。洋蔥切成半月形，紅蘿蔔則切成不規則狀。四季豆撕掉兩側粗纖維後，再依照長度切成兩半。

2 鍋裡放入**A**後開中火，融化奶油並散發香味以後，放入**1**的雞肉翻炒以均勻地沾裹油脂。接著再放入洋蔥、紅蘿蔔、馬鈴薯，全部材料一起拌炒，灑上咖哩粉後繼續翻炒（右圖）。

3 加入**B**到煮開以後轉小火，蓋上鍋蓋但留一條縫繼續燉煮約20分鐘。加入**1**的四季豆到煮熟以後，用鹽、胡椒做最後調味。盛入湯盤裡，佐上白飯即可。

咖哩粉用油脂炒過，能夠凸顯香氣。

材料（2人份）

鹽糖水醃漬的雞中翅…12根

鹽糖水…㊣鹽 $\frac{2}{3}$ 小匙 ㊣糖 $\frac{1}{2}$ 大匙 ㊣水 100ml

彩椒（紅）…1顆

大頭菜…2顆

橄欖油…2大匙

粗粒黑胡椒…少量

烤雞中翅

光靠烤箱就能創造出香酥多汁，
而且一咬就立刻骨肉分離。
這麼讓人大吃一驚的幕後功臣，
自然是鹽糖水了。

作法

1 去除醃漬雞中翅的鹽糖水，使用紙巾充分擦掉水分。彩椒切成不規則狀。大頭菜保留一點菜莖，切成4～6等分的半月形，接著泡進水中清除菜莖裡的髒汙，最後瀝乾水分。

2 烤箱先以200～220℃預熱。烤盤鋪上烘焙紙，將1的材料全部擺滿後淋上橄欖油，記得所有材料擺放時都不重疊。以烤箱烤約15分鐘。

*蔬菜如果與肉一樣都事先煮熟，那只需要放進烤箱直接烘烤就能同時完成。

3 從烤箱取出後灑上粗粒黑胡椒。

材料（2人份）

鹽糖水醃漬的翅小腿…6根
鹽糖水…（鹽）2/3小匙（糖）1/2大匙（水）100㎖

A 生薑（磨成泥）…1小匙
大蒜（磨成泥）…1/2小匙
酒…1大匙
胡椒…少量
麵粉…1大匙

B 麵粉…4大匙
太白粉…1大匙

油炸用油…適量
檸檬（切成半月形）…適量

酥炸翅小腿

一口咬下出現「喀滋」脆響，
才是最道地正宗的炸雞。
而這全是因為沾了兩次麵粉的緣故，
從而誕生出這樣的口感，
並且還非常多汁、骨肉容易分離。

作法

1 去除醃漬翅小腿的鹽糖水，使用紙巾充分擦掉水分並放入碗裡，加入**A**均勻沾裹後，再灑上麵粉讓整體混合在一起。

2 料理盤裡將**B**混合後，放入1並充分沾裹均勻，放置在盤內。等到表面變得濕潤看不出麵粉模樣時，繼續再灑上**B**，多餘的麵粉可以用手按壓。
＊仔細並確實地進行這個步驟，可以炸出酥脆口感。

3 炸油加熱至170℃，放入**2**油炸約5分鐘，取出後靜置在一旁，接著再進行約30秒的二次油炸，等到表面變得金黃酥脆時就可以取出瀝油。裝盤時添加檸檬即可。

豬腿邊角肉

奶油燜豌豆蘆筍豬

材料（2人份）
鹽糖水醃漬的豬腿邊角肉…250g
鹽糖水…(鹽)2/3小匙(糖)1/2大匙(水)100mℓ
胡椒…少量
綠蘆筍…1把
豌豆…8根
大蒜…1瓣
A 奶油…10g
　水…50mℓ
B 起司粉…1大匙
　粗粒黑胡椒…適量

豬肉的油脂搭配上蔬菜的鮮甜，
融入了濃郁奶油後交織出來的燜菜。
蒸煮的調理方式不僅少用油，
肉質不會過於乾柴，
而且蔬菜吸收了豬肉的肉味，
所有食材完美地融合成一體，
這也是品嚐當季鮮蔬的美味秘訣。

作法

1 綠蘆筍根部的堅硬部位用刨絲器刨除，斜切成5㎝長。豌豆撕去兩側粗纖維。大蒜去芯後切成薄片。鹽糖水醃漬的豬腿邊角肉放上濾水盤，以手用力地壓除水分，灑上胡椒。

2 平底鍋裡鋪放**1**的豬肉，綠蘆筍、豌豆、大蒜也平均擺放，加入**A**後蓋上鍋蓋開中火。

3 沸騰以後等3分鐘再打開鍋蓋，分散豬肉與其他食材混合在一起，接著轉大火直到湯汁差不多收乾就可以起鍋，裝盤後灑上**B**。

芝麻味噌鮮蔬炒肉

雖然說是「炒肉」，
其實比較像日式筑前煮。
以蒸煮方式揮發多餘的水分，
讓所有食材的好滋味全部都融入湯汁，
與添加的磨碎芝麻香氣成為一體。

材料（2人分）

- 鹽糖水醃漬的豬腿邊角肉…250g
  - 鹽糖水… 鹽 2/3小匙 糖 1/2大匙 水 100mℓ
- 牛蒡…1根
- 蓮藕…100g
- 紅蘿蔔…1/2根
- A 味噌…1又1/2大匙
  - 砂糖…1大匙
  - 水…100mℓ
- 沙拉油…1/2大匙
- 白芝麻…2大匙

作法

1 牛蒡表面徹底清洗乾淨，斜切成5㎜長並泡水約5分鐘後瀝乾水分。蓮藕、紅蘿蔔切成不規則狀。鹽糖水醃漬的豬腿邊角肉放上濾水盤，以手用力地壓除水分。

2 平底鍋裡倒入沙拉油開中火，拌炒**1**的蔬菜好均勻地沾上油脂。加入**A**後混合所有食材並融化味噌。蓋上鍋蓋轉小火，燉煮約5分鐘。

＊豬肉本身就已經有調味，所以味噌是扮演提味的隱藏角色不用太多。

3 散開**1**的豬肉並放入鍋裡，同時充分與其他食材混合後，蓋上鍋蓋加熱約2分鐘。等豬肉熟透後轉較強的中火，一邊不時攪拌一邊繼續燉煮讓湯汁收乾。最後灑上白芝麻，全部一起拌勻即可。

材料（2人分）

- 鹽糖水醃漬的豬腿邊角肉…250g
- 鹽糖水…(鹽)2/3小匙 (糖)1/2大匙 (水)100mℓ
- 高麗菜…200g
- 青椒…2顆
- 紅蘿蔔…1/3根
- 鵪鶉蛋（水煮）…6顆
- **A** 生薑（切碎）…1/2大匙
  - 芝麻油…1大匙
  - 水…50mℓ
- 鹽、胡椒…皆適量
- 〔芡汁〕
  - 太白粉…1小匙
  - 水…2小匙

什錦燴豬肉

容易出水的蔬菜，
這回不炒而是選擇蒸煮的烹調方式。
而且因為多了勾芡的手續，
滿滿肉蔬精華的湯汁，
就能完整地裹住全部食材。

作法

1. 高麗菜、青椒切成合適入口大小。紅蘿蔔切成3㎜厚的半月形。鹽糖水醃漬的豬腿邊角肉放上濾水盤，以手用力地壓除水分。
2. 平底鍋裡將**1**的蔬菜平鋪放入，豬肉也是以不重疊的原則一一擺放。全部食材都淋上**A**後開中火。一旦煮沸就蓋上鍋蓋，蒸煮約5分鐘。
3. 將全部食材混合在一起，接著加入鵪鶉蛋，並以鹽、胡椒調味。一邊攪拌食材的同時，一邊迅速加入芡汁勾芡，繼續加熱煮到開始冒細泡即可。

水煮豬肉的簡易料理

材料（方便製作的份量）

鹽糖水醃漬的豬腿邊角肉…250g

鹽糖水…鹽$\frac{2}{3}$小匙 糖$\frac{1}{2}$大匙 水100mℓ

鹽糖水醃漬的豬腿邊角肉，
只要經過一道簡單的汆燙手續，
就可以不分中西還是日式哪一種口味，
烹煮花樣非常多變。
而且因為已經充分醃漬入味，
無論是涼拌馬上品嚐，
還是放置一段時間都一樣美味。
至於汆燙的肉湯只要撈除浮渣，
就是一道現成的好喝清湯。
一次就完成2道菜的省時聰明料理法。

請趕快進來，
馬上就是
晚餐時刻了～！
燙燙燙！
接著就
等著變成
水煮豬了
……

作法

1 鹽糖水醃漬的豬腿邊角肉放上濾水盤，以手用力地壓除水分。

2 鍋裡裝滿大量的水（約1.5ℓ）並煮沸，將1/4的**1**放入水中同時一邊攪散，大約9分鐘將肉煮熟，撈起來放在瀝水盤上。剩下來的豬肉也用同樣的方式煮熟。

＊靠著餘熱可以讓豬肉完整熟透。

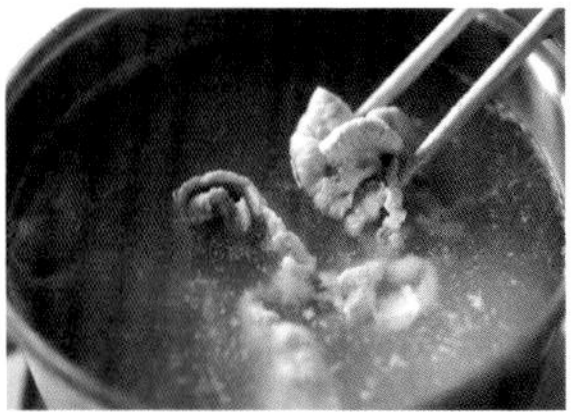

3 將肉鋪放在料理盤等放涼。

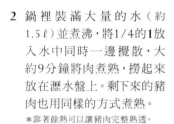

材料（2～3人份）
水煮豬肉（↓P.56）…總量
紫洋蔥…1/2顆
番茄…1顆
冬粉（乾燥）…30g
香菜…適量
A 魚露…1大匙
檸檬汁…1大匙
砂糖…1小匙
大蒜（磨成泥）…1/3小匙
辣椒粉…少量
沙拉油…1又1/2大匙

作法

1 紫洋蔥切成細絲，拿少量鹽巴（材料以外）混合後輕輕揉搓，接著泡水約5分鐘，再輕輕揉搓一次後充分擠掉水分。番茄切丁。香菜切成大塊。

2 冬粉用熱水快速汆燙後，放在瀝水盤中放涼，再切成合適入口大小。

3 碗裡將**A**全部混合後，再將水煮豬肉、**1**的紫洋蔥、番茄以及**2**都加進來一起攪拌均勻，盛裝進盤子後加上香菜點綴即可。

泰式涼拌粉絲豬肉

以滿滿的豬肉取代海鮮，也能夠是一道主菜的泰式涼拌沙拉。對於喜愛亞洲風味料理的人來說，絕對是會上癮的美食。

醋拌豬肉蘿蔔乾絲

豬肉與乾蘿蔔絲各自擁有的風味融合後，即使經過一段時間，口感也不會過於軟爛。

材料（2～3人份）

- 水煮豬肉（→P.56）…總量
- 乾蘿蔔絲…30g
- 紅蘿蔔…50g
- 生薑（切絲）…1小塊
- **A**
  - 醋…2又1/2大匙
  - 砂糖…1又1/2大匙
  - 醬油…1小匙
  - 芝麻油…1/2大匙

作法

1. 乾蘿蔔絲快速洗過，泡浸水裡1～2分鐘，撈出放在瀝水盤並擠乾水分。紅蘿蔔切成條狀。
2. 碗裡將**A**全部混合後，放入**1**、生薑並醃漬約15分鐘。等乾蘿蔔絲徹底醃漬入味後，加入豬肉攪拌，最後再醃漬約15分鐘即可。

芥末豬肉拌鹽漬高麗菜沙拉

鮮甜的高麗菜搭配顆粒芥末醬的獨有風味，
與豬肉的油脂譜出和諧美味的一道涼拌主菜。

材料（2～3人份）

水煮豬肉（→P.56）…總量
高麗菜…250g
鹽…1小匙
A 顆粒芥末醬…1大匙
酒醋（或者醋）…1大匙
橄欖油…2大匙
胡椒…適量

作法

1 高麗菜切成大塊，拌入鹽後靜置約10分鐘。再次攪拌入味後用水清洗，並用力擠乾水分。

2 碗裡放入**A**混合，加入水煮豬肉、**1**並攪拌均勻即可。

豬里肌肉

香煎豬排

僅是簡單用油熱煎而成的香煎豬排，
因為脂肪含量較少，
所以格外想要搭配濃郁的醬汁。
對於這一點，
因為肉排已經使用鹽糖水充分醃漬入味，
清爽簡單的醬汁，
才是配上白飯的最佳選擇。
接下來會一併介紹4種合拍的醬汁。

材料（2人份）

鹽糖水醃漬的豬里肌肉…2片

鹽糖水… ㊣鹽 2/3小匙 糖 1/2大匙 水 100mℓ

胡椒…適量

橄欖油（或者沙拉油）…1小匙

喜好的醬汁（→P.62、63）…皆總量

作法

1 去除醃漬豬里肌肉的鹽糖水，使用紙巾充分擦掉水分。切斷肉排兩面的肉筋（下圖），灑上胡椒。

2 平底鍋裡倒入橄欖油，開較強的中火。等到充分加熱以後，將**1**的表面朝下放入鍋裡，油煎2～2分鐘半。翻面再繼續油煎2～2分鐘半，裝盤後淋上個人喜好的醬汁即可。

就像要切斷油脂與瘦肉之間的交界一樣，在肉排兩面都分別以間隔1cm來下刀斷筋。

美味秘訣就在油煎方法

正因為是非常簡單的料理方法，要是沒有給足適當火候，就無法品嚐到香煎豬排的真正美味。首先要做的就是切斷肉筋，防止肉排翻捲變形。再來是肉排下平底鍋後就絕對不再翻動。這樣一來平底鍋與肉排完全貼合，不僅不會產生水蒸氣，肉排表面也能煎出漂亮的色澤，並且也不會發生煎過頭的問題了。

新鮮番茄泥

新鮮番茄
本身所具備的酸味，
恰到好處地突顯出
豬肉的美味，
堪稱完美的一份醬汁。

酪梨醬

滿滿飽足感與清爽的餘韻，
成為這款醬料最大魅力。
要是一同搭配新鮮番茄泥，
更是增添美味。

新鮮番茄泥

材料（2人份）

- 番茄（切成大塊）…1大個（200g）
- 大蒜（切碎）…1小瓣
- 鹽、胡椒…皆適量
- 橄欖油…1大匙

作法

料理完香煎豬排後的平底鍋，用紙巾簡單擦拭過一次。放入大蒜與橄欖油開中火，等到開始出現香氣後放入番茄。持續加熱約5分鐘直到番茄稍微煮爛。最後添加鹽、胡椒來調整味道。

酪梨醬

材料（2人份）

- 酪梨…1顆
- 檸檬汁…1大匙
- 洋蔥（切細絲）…50g
- 鹽、胡椒…皆適量

作法

洋蔥以鹽簡單揉搓過後泡水再擠乾水分。酪梨對半切開並去籽，以湯匙挖出果肉，放入碗裡仔細壓碎成泥。最後將所有材料全部混合在一起即可。

蠔油風味醬

搭配使用
味道不過份濃郁的蠔油醬，
更能夠品味出
豬肉原有的風味。

和風蘿蔔泥

清爽口味的最佳代表，
蘿蔔泥醬汁
製作又十分簡單，
不分季節或年齡
都喜愛的一道醬汁。

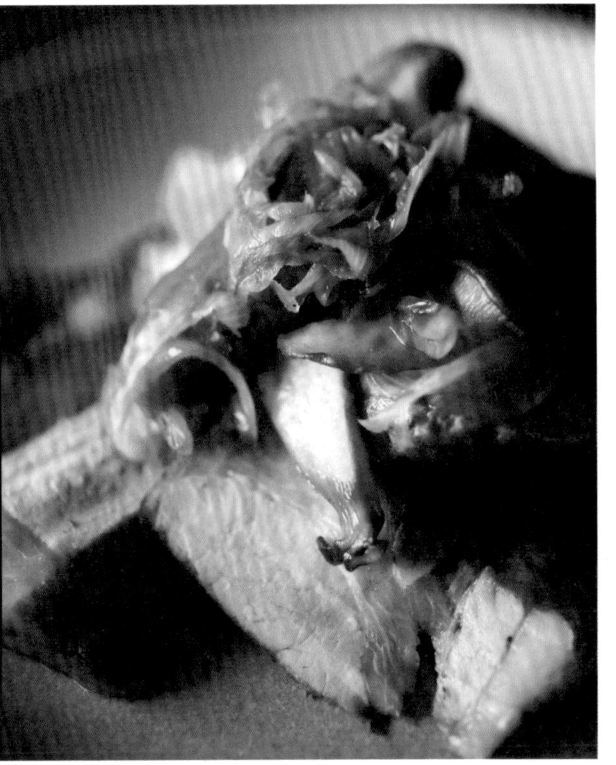

蠔油風味醬

材料（2人份）

青蔥（斜切成薄片）…1根
杏鮑菇（斜切）…2根（100g）
水…2大匙
蠔油醬…1/2大匙
芝麻油…1小匙

作法

料理完香煎豬排後的平底鍋，用紙巾簡單擦拭過一次。放入大蒜與芝麻油開中火。放入青蔥、杏鮑菇炒到熟透。最後加水、蠔油醬，全部攪拌均勻。

和風蘿蔔泥

材料（2人份）

蘿蔔泥（稍微去除多餘水分）…約150㎖
柚子醋醬油…適量
蔥（切成蔥花）…適量

作法

煎好的肉放上蘿蔔泥，淋上柚子醋醬油再灑上蔥花。

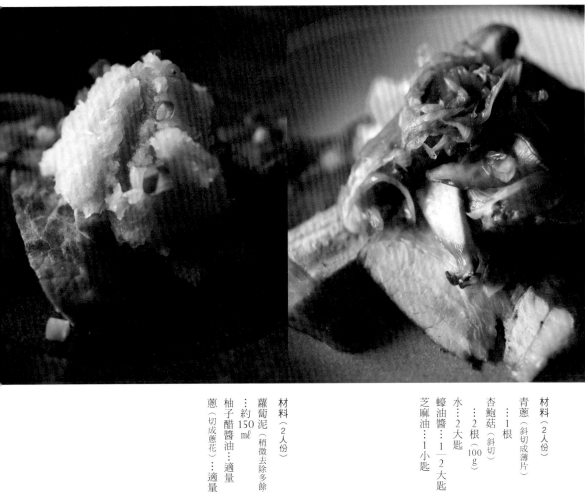

材料（2人分）

鹽糖水醃漬的豬里肌肉…2片

鹽糖水…鹽2/3小匙　糖1/2大匙　水100mℓ

胡椒…少量

洋蔥…1/4顆

青椒…1顆

橄欖油…2小匙

番茄醬…2小匙

羅勒、奧勒岡*（乾燥）…皆少量

披薩用起司絲…50g

*香料只用1種也可以。

披薩肉排

雖然是煎豬排卻帶有披薩風味。
只需要在平底鍋裡層疊煎熟即可，
可說是香煎豬排的2.0版本。
而且因為多了番茄醬＋乾燥香草，
比起市面販售的披薩醬汁更道地。

作法

1 去除醃漬豬里肌肉的鹽糖水，使用紙巾充分擦掉水分。切斷肉筋（→P.60），灑上胡椒。洋蔥切薄片，青椒切成圈。

2 平底鍋裡倒入一半的橄欖油開中火。將**1**的洋蔥、青椒簡單炒過後取出。

3 **2**的平底鍋用紙巾簡單擦拭過一次，接著倒入剩下的橄欖油開較強的中火。等到鍋子熱了以後，放入**1**的豬肉油煎2分半再翻面，持續煎1分鐘後關火。

4 肉排表面塗上番茄醬，灑上羅勒、奧勒岡後，再分別放上**2**的洋蔥、青椒。灑上披薩用起司絲後蓋鍋蓋，開較小的中火燜上大約2分鐘直到起司融化。

焗烤豬里肌馬鈴薯千層

利用馬鈴薯本身的澱粉，
讓這道料理帶有些微濃稠口感。
靈感來源是「法式馬鈴薯千層派
（Gratin Dauphinois）」，
加了豬肉就能夠變身成一道主食。

材料（2人分）

鹽糖水醃漬的豬里肌肉…2片
鹽糖水…鹽 2/3小匙 糖 1/2大匙 水 100㎖
胡椒…適量
馬鈴薯…3顆（400～450g）
A 洋蔥（切薄片）…1/2顆
大蒜（去芯切薄片）…1小瓣
鹽…1/2小匙
胡椒…少量
牛奶…300㎖
奶油…10g

法式馬鈴薯千層派在餐酒館裡經常會被當作是配菜的一種。不過只要與豬肉分開擺盤，就能夠變成1人份的餐點。

作法

1 去除醃漬豬里肌肉的鹽糖水，使用紙巾充分擦掉水分。灑上胡椒，每1片切成4等分。

2 馬鈴薯切成約2㎜的薄片（也可以使用切片器）。平底鍋裡放入馬鈴薯、**A**，全部混合均勻。開中火並煮到滾開。

3 烤箱以200℃預熱。耐熱容器先鋪放一半份量的**2**，平均地擺上**1**的豬肉，接著鋪滿剩下的**2**。奶油切小塊後分散放入，放進烤箱烤約20分鐘即可。

材料（2人份）

鹽糖水醃漬的豬里肌肉…2片

鹽糖水…鹽2/3小匙 糖1/2大匙 水100ml

洋蔥…1/3顆

鴻喜菇…1小包

蘑菇…1包

咖哩粉…1/2小匙

白酒（或者水）…50ml

鮮奶油…100ml

鹽、胡椒…皆適量

沙拉油…2小匙

白飯…適量

洋香菜（切碎）…適量

奶油咖哩菇菇豬

辛香咖哩與濃郁鮮奶油，
加上滋味清爽的豬肉，
組合成一道口感十足的料理。
在炒熟的蔬菜裡灑上滿滿咖哩粉，
經過充分的拌炒之後，
即能散發出迷人的香氣。

作法

1 洋蔥切碎，鴻喜菇去除蒂頭後散開，蘑菇去除蒂頭後對半切開。去除醃漬豬里肌肉的鹽糖水，使用紙巾充分擦掉水分。灑上胡椒，切成2cm寬。

2 平底鍋裡倒入一半份量的沙拉油，開較強的中火。等鍋子熱了以後，放入**1**的豬肉並每一面各煎1分半再取出。

3 **2**的平底鍋，用紙巾充分擦拭乾淨，開小火並倒入剩下的沙拉油加熱。放入剩下的**1**炒到熟透，避免炒焦只需要約2分鐘，接著整體均勻地加入咖哩粉，繼續拌炒攪拌。

4 倒入白酒轉大火，等到湯汁收到剩下一半時再倒入鮮奶油並攪拌均勻，最後加入鹽、胡椒調整味道。重新加入**2**後簡單加熱，再與白飯一起擺盤，並在白飯灑上洋香菜。

＊豬肉重新放回鍋裡時，只需要簡單加熱就能夠變得非常柔嫩。

材料（2人份）

鹽糖水醃漬的豬里肌肉…2片

鹽糖水…鹽 2/3小匙 糖 1/2大匙 水 100mℓ

胡椒…少量

太白粉…1又1/2大匙

洋蔥…1/2顆

A 黑醋…3大匙

砂糖…2大匙

水…2大匙

醬油…2小匙

生薑（切碎）…1大匙

沙拉油…適量

黑醋咕咾肉

經過鹽糖水醃漬過，
已經保留完整肉汁的豬里肌肉，
非常適合料理成香氣馥郁，
屬於大人味的黑醋咕咾肉。
為了能夠充分發揮黑醋的韻味，
生薑需要先炒過再加進來，
才可以呈現出清爽口感。

就算只用少量的油進行油煎，豬肉表面能夠酥脆就不成問題。

完整地將油瀝乾淨，豬肉就不會黏在一起，也能均勻地沾裹上濃稠醬汁。

作法

1 去除醃漬豬里肌肉的鹽糖水，使用紙巾充分擦掉水分，切成一口大小並灑上胡椒。洋蔥切成2～3㎝丁狀，與**A**充分混合。

2 **1**的豬肉灑上太白粉，整體沾裹均勻。平底鍋裡倒入約5㎜高的沙拉油並開中火，等到油熱以後放入豬肉炸至外表酥脆（圖片**a**）。將炸好的肉放到紙巾上瀝油（圖片**b**）。

3 **2**的平底鍋以紙巾簡單擦拭炸油，開中火並翻炒**1**的洋蔥。等到全部裹上油後，重新放入**2**並加入**A**，一起拌炒到有濃稠感為止。

絕品手作火腿

使用鹽糖水醃漬的豬腿肉塊

烤火腿

水煮火腿

就算是脂肪含量較少的豬腿肉塊，
只要使用鹽糖水醃漬過，
就會變得飽含肉汁且非常柔嫩。
同時鹽的滋味還能完全浸透，
簡單的調味更能夠吃出豬肉的獨有美味。
無論是烤火腿還是水煮火腿，
都能夠用相同的順序做準備，作法也很簡單。
千萬別錯過品嚐2種火腿不同風味的機會，
也是三明治、麵點的最佳搭檔。

使用鹽糖水醃漬的豬腿肉塊

絕品手作火腿

存放天數大約4天左右。要是超過的話，請務必要經過切炒等加工，充分烹煮過再食用。

材料（方便製作的份量）

豬腿肉塊*…400g

鹽糖水

鹽…6g

砂糖…10g

水…200mℓ

月桂葉…1片

*大小約是剖面直徑6cm、長度15cm左右。請依照肉塊厚度來調整烹煮時間。

準備（烤火腿、水煮火腿通用）

1 豬腿肉塊用叉子戳出約30個洞。塑膠袋裡倒入鹽糖水的材料並封緊開口，接著用力搖晃讓調味料完全混合。放入豬肉並封緊開口，放入冰箱冷藏區醃漬2～3天。

2 在烹煮前30分鐘，將**1**從冰箱中取出。使用紙巾充分擦掉水分，可以的話，請用棉線將肉塊綁起來。

*如果使用事先已經用網子包住的豬肉塊會更方便。

烤火腿

切開的肉片帶著微微淡粉色。緊實卻又鮮嫩的口感，實在讓人感動不已。

作法

1 烤箱以110℃預熱。烤盤鋪上料理紙，放上事先準備好的豬肉，再薄薄地塗上一層沙拉油（材料以外）。

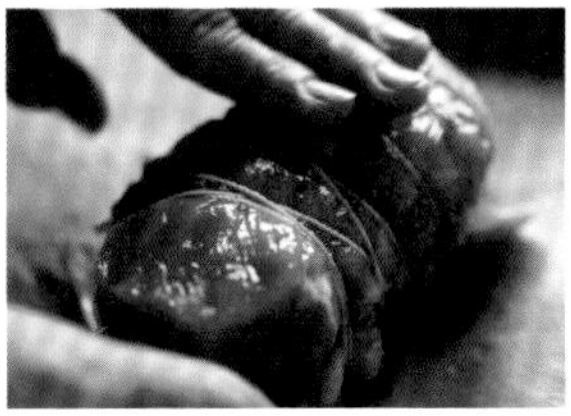

2 放入烤箱燒烤1小時～1小時15分鐘。使用鐵籤刺入肉塊約5秒時間，鐵籤抽出來時如果帶有些微熱度，就可以取出肉塊。以鋁箔紙將肉塊包起來，放置約50分鐘。

慢慢加溫可以靠餘熱讓肉塊軟嫩

想要把肉塊烹煮得非常柔嫩，慢慢加熱正是不二法則。要讓肉的中心完整熟透，很容易就會因為表面火力太大，結果使得肉質變得乾柴。所以必須使用低溫慢慢加熱，讓肉的表面溫度不會上升得太快。在肉塊中心完全熟透之前就停止加熱，靠著餘熱來慢慢讓肉熟透。手邊有溫度計的人，請在肉塊中心溫度達到65℃時從烤箱中取出，或者是關閉爐火。

水煮火腿

菜刀切下去的瞬間，一定會因為柔軟的觸感而大吃一驚。
也能夠做成醬油醃漬的叉燒風味。

作法

1 鍋子裡放入事先準備好的豬肉，倒入能完整淹沒肉塊的水並開小火。煮沸以後轉成微弱小火，繼續水煮約25分鐘。
＊微弱小火是指水不會冒泡的程度。

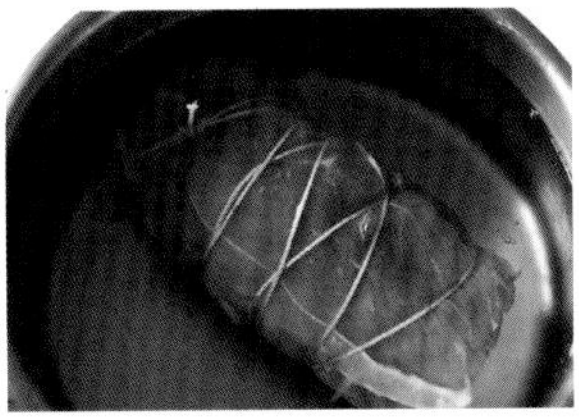

2 關火後靜置到完全放涼為止。不蓋上鍋蓋。
＊湯汁可以在煮開後撈除浮渣，經過調味就是一道清湯。

醬油醃漬水煮火腿

水煮火腿使用醬油基底的醃汁浸漬，能夠擁有叉燒般的風味。在煮拉麵或製作炒飯等等菜餚時，非常方便。

材料（方便製作的份量）
水煮火腿…總量
〔醃汁〕
─醬油…2大匙
─味醂…2大匙

作法

1 小鍋裡倒入醃汁的材料，煮沸就可以放涼。

2 塑膠袋裡放入水煮火腿、1，讓所有材料充分混合後，去除塑膠袋內空氣並綁好，放置一晚。

切成薄片再點綴上白蔥絲，裝盤後就是一道下酒菜。

利用鹽糖水，腰內肉變得更多汁

腰內肉做成的炸豬排，能夠品嚐到瘦肉健康而特有的美味。雖然有可能因為處理或烹煮方式使得肉質過老，而無法吃出原有的好滋味。但是只要經過鹽糖水的醃漬，就能夠放心料理。在此介紹本書的肉料理中，能將食材替換成腰內肉的美味食譜。

〔腰內肉〕
蛋白質22.2g
熱量130kcal
碳水化合物0.3g
脂肪3.7g
＊標示的數據，是100g左右生肉所包含的成分。

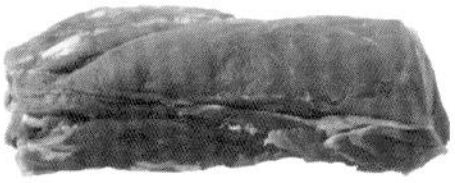

肉品200～300g
鹽 2/3小匙
糖 1/2大匙
水 100ml

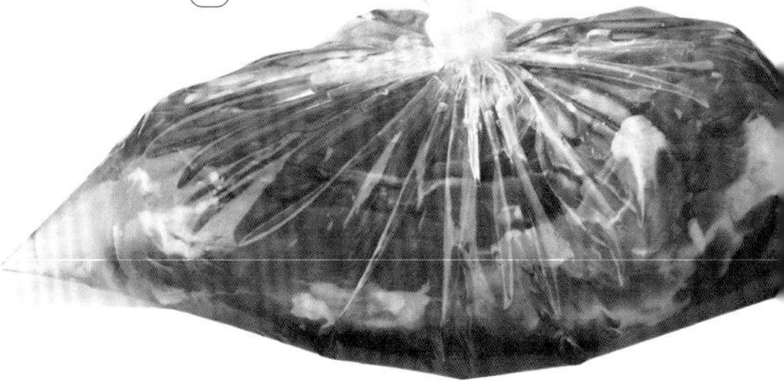

青椒嫩炒雞柳（↓P.44）
使用沿著纖維切成條的腰內肉。

巴斯克風味燉雞（↓P.27）
使用切成1.5cm厚的腰內肉。

黑木耳蛋炒雞柳（↓P.45）
使用斜切成1cm厚的腰內肉。

青江菜清炒雞胸肉（↓P.36）
使用斜切成1cm厚的腰內肉。

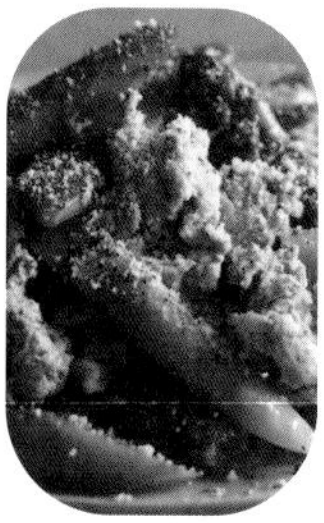

奶油燜豌豆蘆筍豬（↓P.52）
使用斜切成1cm厚的腰內肉。

義式香雞排（↓P.18）
使用切成1.5cm厚的腰內肉。

西班牙彩蔬雞丁（↓P.22）
使用切丁成2cm的腰內肉。

生菜檸檬炒雞肉片（↓P.37）
使用切成1cm厚的腰內肉。

奶油咖哩菇菇豬（↓P.66）
使用切成2cm厚的腰內肉。

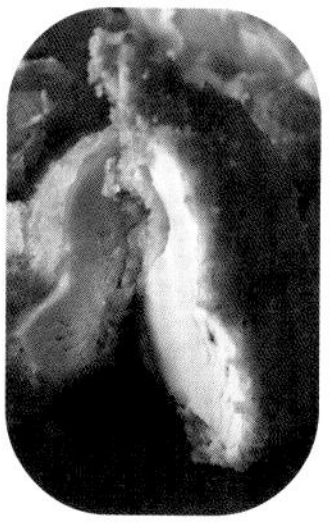

炸雞排（↓P.20）
使用切成2cm厚的腰內肉。

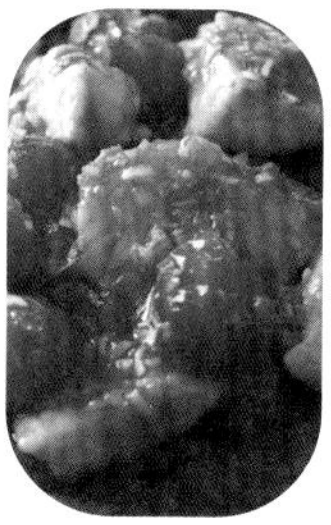

辣炒番茄雞丁（↓P.24）
使用斜切成1.5cm厚的腰內肉。

鹹酥雞（↓P.42）
使用斜切成1.5cm厚的腰內肉。

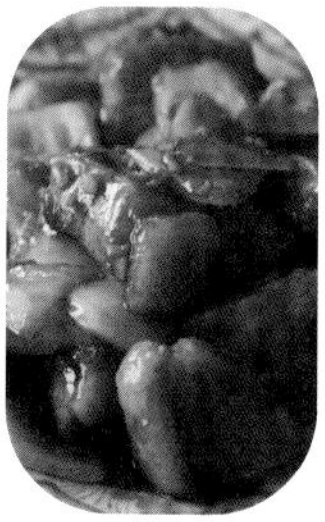

黑醋咕咾肉（↓P.68）
使用切丁成2cm的腰內肉。

2
章

保持鮮度又汁多味美
魚料理

即使是因為無法一次買齊，
採購時機並不理想的魚肉，
只要使用鹽糖水來醃漬，
可以保持原有鮮度2~3天都不成問題。
沒有了魚腥味，做出來的魚料理肉質鮮嫩，
只要吃過一次，絕對會被鹽糖水醃漬法所征服。

因為鹽糖水醃漬而變得好吃的魚肉

油脂含量少、容易乾柴的魚肉，也很適合使用鹽糖水醃漬。不僅烹煮之後保留完整水分，就算冷了也一樣鬆軟，而且因為具有一定的鹽分，無論什麼時候料理都能擁有相同的滋味，可說是最讓人開心的部分。

*標示的數據，是100g左右生肉所包含的成分。

*切片魚肉是以一片約100g（帶骨約120g）為標準。

鯛魚

市場上鯛魚種類眾多，全年盛產的是真鯛，從近海捕撈上岸的天然真鯛，在冬至春季之間屬於當令漁獲，而市面上販售可分為天然與養殖。高蛋白質、油脂少卻又有高雅滋味，可說是它的最大魅力。

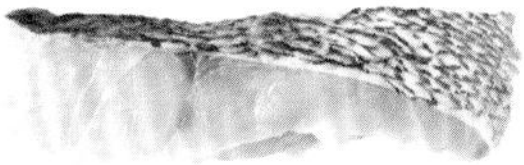

〔真鯛（天然）〕
蛋白質20.6g
熱量142kcal
碳水化合物0.1g
脂肪5.8g

〔真鯛（養殖）〕
蛋白質20.9g
熱量177kcal
碳水化合物0.1g
脂肪9.4g

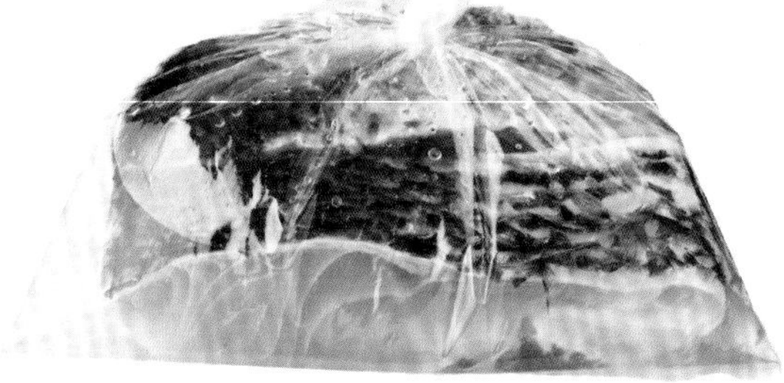

鱈魚

冬季火鍋裡最常見的魚類，肉質軟嫩、滋味又清淡的白肉魚。鱈魚因為水分多而不容易保存，但經過鹽糖水醃漬就能夠存放。市面上區分為新鮮鱈魚與醃鱈魚，製作鹽糖水醃漬的話要使用新鮮鱈魚。不過因為魚肉容易碎開，處理時要多加注意。

〔太平洋鱈魚〕
蛋白質17.6g
熱量77kcal
碳水化合物0.1g
脂肪0.2g

土魠魚

擁有恰到好處的油脂，肉質軟嫩又沒有腥味。雖然依照地方分類方式不同，約50cm以下的會稱為「小土魠」，以上才會稱為「土魠魚」並全年捕撈。土魠魚新鮮時會呈現帶有透明感的白色魚肉，但很快就會變成乳白色，購買後立刻以鹽糖水醃漬起來才能安心存放。

蛋白質20.1g
熱量177kcal
碳水化合物0.1g
脂肪9.7g

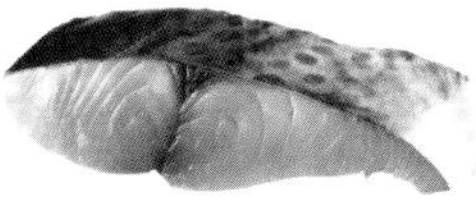

鰤魚

分成魚肉緊實、在嚴寒季節盛產的天然鰤魚，以及帶有一定油脂、幾乎全年流通的養殖鰤魚。固定烹煮方法不外乎鹽烤或照燒的日式風味，但使用能夠去除腥味的鹽糖水醃漬，可以料理的選擇就變多了。

蛋白質21.4g
熱量257kcal
碳水化合物0.3g
脂肪17.6g

鮭魚

從早餐到晚餐甚至是便當，出現頻率非常高的一款魚。盛產季節各有不同，紅鮭是秋季，而銀鮭則在春至夏季之間。由於一整年裡都能夠在市場上穩定供應，在不知道買什麼魚的時候就是最佳選擇。使用鹽糖水醃漬能徹底去除腥味，無論是和風、西式、中式的料理都能登場。

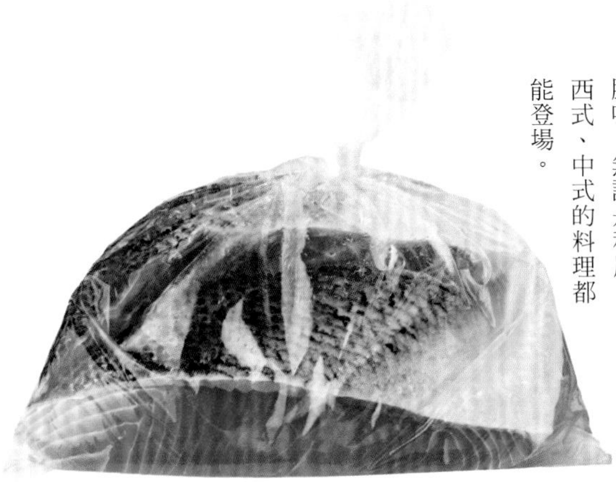

〔銀鮭〕
蛋白質19.6g
熱量204kcal
碳水化合物0.3g
脂肪12.8g

〔白鮭（秋鮭、時鮭、鮭兒）〕
蛋白質22.3g
熱量133kcal
碳水化合物0.1g
脂肪4.1g

〔紅鮭〕
蛋白質22.5g
熱量138kcal
碳水化合物0.1g
脂肪4.5g

旗魚

旗魚主要分為劍旗魚與紅肉旗魚這2種，一般出現在市場裡的多為劍旗魚。不僅擁有近似於鮪魚的口感與滋味，很適合做成西式或中華料理。不過要注意的是，過度烹煮的話會使魚肉變得乾柴。可以如同鮪魚罐頭般加熱，使用起來會很方便。

〔劍旗魚〕
蛋白質19.2g
熱量153kcal
碳水化合物0.1g
脂肪7.6g

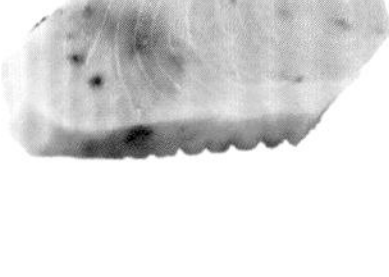

鯛魚

義式水煮鯛魚

就跟名稱一樣，是水煮而成的簡單義式魚料理。

原本應該使用一整尾魚，品嚐魚頭、魚骨一起熬製出來的高湯，不過使用鹽糖水醃漬的魚片，一樣具備濃郁滋味且肉質非常軟嫩。

材料（2人份）

鹽糖水醃漬的鯛魚…2片

鹽糖水…（鹽）2/3小匙（糖）1/2大匙（水）100mℓ

番茄…1大顆

洋蔥…1/2顆

大蒜…1小瓣

橄欖（黑橄欖，有的話）…8粒

水…70mℓ

鹽、胡椒…皆適量

橄欖油…2大匙

*也很推薦改用鱸魚或金目鯛。

作法

1 番茄切成大塊丁狀，洋蔥切成8㎜寬，大蒜切成5㎜薄片。去除醃漬鯛魚的鹽糖水，使用紙巾充分擦掉水分，灑上少量胡椒。

2 平底鍋裡倒入一半的橄欖油，與**1**的大蒜並開較強的中火。油鍋熱了之後，將鯛魚魚皮朝下放入鍋中，煎至金黃酥脆後翻面並關火。

3 在**2**放入水、**1**的番茄及洋蔥、橄欖，蓋上鍋蓋並開中火。煮滾之後再等3分鐘，以蒸煮方式讓鯛魚熟透。最後以鹽、胡椒調整味道，淋上剩下的橄欖油後，再次煮滾即可。

*湯汁比較稀薄的話，請繼續煮一段時間後調整味道。

材料（2人份）

鹽糖水醃漬的鯛魚…2片

鹽糖水…㊣鹽 2/3小匙 ㊣糖 1/2大匙 ㊣水 100mℓ

香菇…1包

金針菇…1小包

A 酒…2大匙

　水…3大匙

蔥（斜切）…適量

昆布絲…適量

平底鍋清蒸蕈菇鯛魚

味道十分清爽的清蒸魚，加上蕈菇、酒、昆布絲的鮮味加重下，交織出有深度的好滋味。

作法

1 香菇去除蒂頭後斜切。金針菇去除根部。去除醃漬鯛魚的鹽糖水。

2 平底鍋裡放入**1**的鯛魚，鋪上香菇與金針菇後淋上**A**，蓋上鍋蓋開中火。煮開後繼續蒸煮4～5分鐘，讓魚肉熟透。

3 將魚肉擺盤、灑上蔥，最後放上昆布絲即可。

＊依照個人喜好，也可以在最後淋上少量醬油。

材料（2人份）

鹽糖水醃漬的鱈魚…2片

鹽糖水…鹽2/3小匙 糖1/2大匙 水100mℓ

嫩豆腐…1小塊（200g）

A 高湯…100mℓ
— 酒…2大匙

鱈魚子（魚卵）…2大匙

〔芡汁〕
— 太白粉…1小匙
— 水…2小匙

鴨兒芹（切成3cm長）…少量

鱈魚

清蒸鱈魚燴豆腐

沒想到光靠鱈魚子本身的鹽分與鮮味，
居然就能夠做出這樣的美味！
散開的豆腐，
與鱈魚完美地融合在一起。

作法

1 去除醃漬鱈魚的鹽糖水並切成2～3等分。平底鍋裡放入鱈魚，淋上**A**後蓋上鍋蓋，開中火。水滾後繼續蒸煮2～3分鐘，讓魚肉熟透。

2 瀝乾**1**的湯汁並擺盤。留著魚湯的平底鍋裡放入嫩豆腐，用木鏟將豆腐切碎並加入鱈魚子，開中火。
*由於豆腐要做成醬汁，所以加入後切碎才比較容易混合。

3 鱈魚子熟後淋上芡汁來勾芡，淋在**2**的鱈魚上並點綴鴨兒芹即可。

材料（2人份）

鹽糖水醃漬的鱈魚…2片

鹽糖水…(鹽)2/3小匙 (糖)1/2大匙 (水)100mℓ

青蔥…1根

蘑菇…1包

奶油…10g

白酒…70mℓ

水…60mℓ

鮮奶油…100mℓ

檸檬汁…1大匙

胡椒…少量

檸檬奶油鱈魚

滋味清爽的白肉鱈魚，
搭配上濃郁又鮮美的檸檬奶油醬汁，
成為一盤充滿西式風味的料理。
使用蒸氣來烹煮，
讓魚肉整體無比鬆軟可口。

作法

1 去除醃漬鱈魚的鹽糖水，使用紙巾充分擦掉水分。青蔥對半切開，再切成約3cm長。蘑菇去除蒂頭後，切成5mm薄片。

2 平底鍋裡放入奶油並開中火。在奶油融化並冒泡時，放入**1**的青蔥、蘑菇，持續拌炒約2分鐘，並要注意避免燒焦。倒入白酒轉較強的中火，燉煮到湯汁剩一半為止。

3 將鱈魚魚皮朝下放入鍋中，加水後蓋上鍋蓋（圖片**a**）。沸騰之後轉中火，繼續蒸煮5分鐘，輕輕取出鱈魚並擺盤。

＊鱈魚只要經過加熱就容易散開，所以一放到蔬菜上就不要再移動！

4 煮滾湯汁（圖片**b**），加入鮮奶油再次煮到變得濃稠以後，加入檸檬汁、胡椒並淋在**3**上。

將鱈魚放在以奶油拌炒的蔬菜上，風味融合的同時也讓食材熟透。

湯汁經過時間燉煮就會變得濃稠美味，也不會覺得太過稀薄。

土魠魚

西班牙醋醃土魠魚

蔬菜拌炒之後與醃漬液一起加熱，縮短料理時間的一道快速西班牙醋醃魚。

放置一晚更能夠徹底入味，魚肉也會更加鬆軟美味。

材料（2人份）

鹽糖水醃漬的土魠魚…2片

鹽糖水…鹽2/3小匙 糖1/2大匙 水100ml

胡椒…少量

芹菜…1/2根

洋蔥…1/2顆

A 醋…2大匙
　砂糖…1大匙
　水…2大匙

麵粉…適量

沙拉油…3大匙

橄欖油…1/2大匙

作法

1 芹菜如同要切斷纖維一般切成薄片，洋蔥也一樣切成薄片。去除醃漬土魠魚的鹽糖水，使用紙巾充分擦掉水分，每片斜切成3塊，灑上胡椒，與A混合在一起。

2 將1的土魠魚拍上一層薄麵粉。平底鍋倒入沙拉油並開中火，油鍋熱了之後將魚皮一面朝下煎到酥脆。等到兩面都呈現金黃色澤、魚肉熟透以後，瀝乾油份並擺盤。

3 2的平底鍋以紙巾充分擦拭乾淨，倒入橄欖油開中火。油鍋熱了之後放入1的芹菜、洋蔥，拌炒約30秒再加入A並煮開，趁熱淋在2的土魠魚上並放涼。

＊醃漬時間可依個人喜好。魚肉即使冷了也一樣鬆軟。

材料（2人份）

鹽糖水醃漬的土魠魚…2片

鹽糖水…㊕2/3小匙 ㊔1/2大匙 ㊌100mℓ

咖哩粉…1/2小匙

麵粉…適量

A 奶油…5g

—橄欖油…1/2大匙

嫩葉生菜…適量

檸檬（切成半月形）…適量

法式咖哩煎土魠魚

能激發食慾的咖哩與奶油香氣。

只要按照咖哩粉、麵粉的順序處理，

即使是下油鍋也不怕

咖哩粉裹不住魚肉，

更不必擔心會因此煎到焦黑。

作法

1 去除醃漬土魠魚的鹽糖水，使用紙巾充分擦掉水分。整塊魚均勻灑上咖哩粉，輕輕按壓讓咖哩粉沾滿魚肉。

2 將1拍上一層薄薄的麵粉。在平底鍋裡放入A開中火，等到奶油融化開始冒泡後，放入土魠魚並轉弱火。油煎約2分鐘半後翻面，繼續煎2分半～3分鐘。

3 魚片兩端也輕輕煎過以後擺盤，最後妝點上嫩葉生菜和檸檬即可。

材料（2人份）

鹽糖水醃漬的鮭魚…2片
鹽糖水…鹽2/3小匙 糖1/2大匙 水100mℓ
義大利麵…200g
水菜…1/2包
金針菇…1包
鹽…1大匙
A 柚子胡椒…1/2～1小匙
　橄欖油…2大匙

和風烤鮭義大利麵

只要將鮭魚與金針菇炙烤過，
再將全部食材混合在一起，
美味的義大利麵就完成了！
捨棄醬油改添加
柚子胡椒的和風口味，
更是帶來無比新鮮的滋味。

作法

1 水菜切成3～4㎝後泡水使之變得清脆並瀝乾水分。金針菇比較長的話需要切成一半。去除醃漬鮭魚的鹽糖水，使用紙巾充分擦掉水分。

2 加熱烤架，炙烤1的金針菇與鮭魚。去除鮭魚的魚皮與魚骨並撕開魚肉（下圖）。金針菇也仔細分開。加熱2ℓ的熱水至沸騰，加入鹽，依照包裝袋上的說明煮熟義大利麵。
＊將鮭魚肉撥開到骰子般大小的塊狀。

3 大碗裡加入**A**以及2大匙煮麵水攪拌後，加入**2**的金針菇繼續混合。煮好的義大利麵瀝乾水分，與所有食材一同混合均勻，最後加入鮭魚以及水菜輕輕攪拌均勻即可。

鹽糖水醃漬的鮭魚魚肉很容易散開，
不需多做處理。

鮭魚

番茄奶油燉鮭魚

材料（2人份）
鹽糖水醃漬的鮭魚…2片
鹽糖水…㊕2/3小匙 ㊕1/2大匙 ㊌100ml
洋蔥…1/2顆
鴻喜菇…1小包
白酒…70ml
水煮番茄罐頭（切丁）
…1/2罐（200g）
鮮奶油…50ml
鹽、胡椒…皆適量
橄欖油…1/2大匙

鮮奶油柔和濃醇的滋味，
包裹著番茄的酸味，
進而引領出鮭魚的美味。
如果使用味道清淡的土魠魚或鱈魚，
可以呈現出更加清爽的滋味。

作法

1 洋蔥切成薄片，鴻喜菇切除蒂頭並分散。去除醃漬鮭魚的鹽糖水，使用紙巾充分擦掉水分，每片切成2～3等分。

2 平底鍋裡倒入橄欖油並開中火，油鍋熱了以後放入1的洋蔥、鴻喜菇，拌炒約2分鐘直到熟透。放上鮭魚後倒入白酒並煮開，加入水煮番茄並蓋上鍋蓋，燉煮約5分鐘再取出鮭魚。

3 加入鮮奶油攪拌均勻，放回2的鮭魚，再次煮開以後輕輕拌炒（右圖）。最後以鹽、胡椒調整味道。
＊可依照個人喜好加入辣椒粉，增添辛香滋味。

煮熟的鮭魚最後再放回鍋裡，稍微拌炒一下避免魚肉散開。

HALES

鰤魚

鮮蔬炒鰤魚

炒至噴香軟嫩的鰤魚，
搭配上多樣蔬菜與香料，
讓人忍不住一口接一口地配上白飯。

材料（2人份）

鹽糖水醃漬的鰤魚…2片
鹽糖水…鹽 2/3小匙 糖 1/2大匙 水 100mℓ
太白粉…約1小匙
蓮藕…150g
青蔥（切碎）…1/2根

A
芝麻油…1大匙
生薑（切碎）…1小匙
大蒜（切碎）…1小匙
豆瓣醬…1/2小匙

酒…1大匙

B
醋…1大匙
砂糖…2小匙
味噌…1～1又1/2小匙
水…3大匙

山椒粉…適量（多放會更美味）
沙拉油…1小匙

作法

1 蓮藕切成1㎝半月形或者扇形。去除醃漬鰤魚的鹽糖水，使用紙巾充分擦掉水分，每片切成4等分。

2 將**1**的鰤魚拍上一層薄薄的太白粉。平底鍋裡倒入沙拉油開中火，油鍋熱了以後放入鰤魚，煎至兩面都呈現金黃色後取出。

3 **2**的平底鍋使用紙巾充分擦拭乾淨，倒入**A**後開中火。散發香味以後，快速拌炒**1**的蓮藕，倒入酒後蓋上鍋蓋，蒸煮約1分鐘。

4 加入**B**等到煮開後，加入**2**的鰤魚、青蔥拌炒。待鰤魚熟透後灑上山椒粉均勻混合即可。

蘿蔔泥鰤魚

即使是燉煮料理法，
但僅需要些許醬油就能完成清爽燉魚。
蘿蔔泥只要稍微加熱添上，
就能夠享受到肥美鰤魚，
搭上清爽蘿蔔泥的完美雙重奏。

材料（2人份）
鹽糖水醃漬的鰤魚…2片
鹽糖水…鹽2/3小匙 糖1/2大匙 水100mℓ
蘿蔔泥（簡單去除多餘水分）…200mℓ
A 高湯…100mℓ
醬油…1/2大匙
酒…1大匙
蔥（切成蔥花）…2根
七味唐辛子…適量

作法

1 去除醃漬鰤魚的鹽糖水，使用紙巾充分擦掉水分。平底鍋裡放入A與鰤魚並蓋上鍋蓋後開中火，等到煮開後再繼續煮上3～4分鐘，就可以將鰤魚先擺進盤子裡。

2 1的平底鍋重新開火，加入蘿蔔泥後再煮約2分鐘。將帶有蘿蔔泥的醬汁淋在鰤魚上，最後灑上蔥花及七味唐辛子即可。

材料（2人份）

鹽糖水醃漬的旗魚…2片
鹽糖水…㊣鹽 2/3小匙 糖 1/2大匙 水 100mℓ
胡椒…適量
A 大蒜（切碎）…1小瓣
—洋蔥…1/2顆
水煮番茄罐頭（切丁）…1罐（400g）
橄欖油…2大匙

茄汁旗魚片

使用一整罐的番茄罐頭，
經過簡單調理成為茄汁旗魚片。
旗魚是一種油脂少、腥味也少，
冷了也一樣美味的魚肉。
利用鹽糖水醃漬過的旗魚，
不用花太多時間即可烹煮完成。
將茄汁旗魚片大致分成碎塊，
搭配義大利麵或
歐姆蛋同樣十分美味。

作法

1 去除醃漬旗魚的鹽糖水，使用紙巾充分擦掉水分，切成一半後灑上胡椒。

2 平底鍋裡倒入一半的橄欖油，開較強的中火。油鍋熱了以後放入**1**，簡單油煎過魚片兩面後取出。

3 在**2**的平底鍋裡倒入剩下的橄欖油，放入**A**拌炒3分鐘直到熟透。倒入水煮番茄罐頭，等到煮開再轉小火燉煮約5分鐘。重新將旗魚片放入（下圖），繼續燉煮約2分鐘。

*如果還有剩餘，推薦可以搭配法國長棍麵包，當作早餐或點心都很適合。

旗魚先熱煎過一次，更能夠消除魚腥味並且散發魚肉香。

旗魚

自家製鮪魚塊

使用少量橄欖油，
就能調理出軟嫩帶汁的鮪魚塊，
如同餐酒館裡能品嚐的下酒小菜般，
也可以當作主菜的一道料理。
只要再添加檸檬、月桂葉，
賦予更多的風味香氣，
無論是直接品嚐、做成沙拉或涼拌，
甚至義大利麵都十分美味。
而且因為不是碎魚肉，
口感實在的鮪魚塊，
吃起來會更具有滿足感，
使用鮭魚製作也同樣美味。

鮪魚君，你今天不會被裝進罐頭裡了。
唉呀，那樣做會更美味耶。

材料（方便製作的份量）

- 鹽糖水醃漬的旗魚…2片（200g）
- 鹽糖水…鹽$\frac{2}{3}$小匙 糖$\frac{1}{2}$大匙 水100mℓ
- **A** 橄欖油…2大匙
  - 檸檬（切片）…2片
  - 月桂葉…1片

作法

1 去除醃漬旗魚的鹽糖水。小鍋裡放入**A**、旗魚並加入能覆蓋食材的水量，開小火。

2 煮開以後繼續加熱1～2分鐘，關火後自然放涼。

＊依照魚片厚薄來調整加熱時間，1cm1分鐘、2cm2分鐘。

湯汁放在保存容器裡，冷藏可以存放5天。

鮪魚義大利麵沙拉

沙拉加入飽含肉汁的鮪魚，
也可以是搭配紅酒的最佳下酒菜。

材料（2人份）

- 自家製鮪魚塊（→P.94）…1片
- 義大利螺旋麵…100g
- 橄欖油…1小匙
- 洋蔥…1/4顆
- 小番茄…8顆
- 酪梨…1顆

A
- 美乃滋…2～2又1/2大匙
- 原味優格…2～2又1/2大匙

- 鹽、胡椒…皆適量
- 粗粒黑胡椒…適量

作法

1 義大利螺旋麵依照包裝說明煮熟後，瀝乾水並淋上橄欖油拌勻。

2 洋蔥切成細絲並灑上適量鹽巴（材料以外），揉搓直到出水為止，泡在水中約5分鐘，再次揉搓然後擠乾水分。迷你番茄對半切開。自家製鮪魚塊與酪梨切成合適大小。

3 在碗中將**A**全部攪拌均勻，加入**1**、**2**繼續混合，擺放到盤裡之後灑上粗粒黑胡椒即可。

韓式涼拌鮪魚

鮪魚裹上香氣濃郁的芝麻，
怎麼樣也吃不膩的好滋味。

材料（2人份）

- 自家製鮪魚塊（→P.94）…1片
- 豆芽菜…1包
- 青椒…2顆
- 紅蘿蔔…60g

A
- 磨碎白芝麻…4大匙
- 大蒜（磨成泥）…少量
- 鹽…1/2小匙

- 芝麻油…1又1/2大匙

作法

1 青椒、紅蘿蔔切成絲後，與豆芽菜一起放入耐熱容器，蓋上保鮮膜後以微波爐加熱約5分鐘。放到瀝盤上瀝乾水分、放涼。

2 在碗中將**A**全部攪拌均勻，加入**1**後用手攪拌，將自家製鮪魚塊撕成合適大小，混合均勻。

不只是肉類魚類！

隨手做
美味
鹽糖水漬物

即使是蔬菜、豆腐、起司這些食材，使用鹽糖水醃漬後，也能夠誕生出全新滋味。請務必嘗試看看，已經醃漬入味的食材的美妙。製作方法也很簡單，以鹽糖水醃漬，放置半天時間即可。

鹽糖水醃漬 蔬菜

水煮蔬菜

切成合適入口大小，快速汆燙後去除水分，即可用鹽糖水來醃漬。

洋蔥
*可加昆布一起醃漬。

綠花椰菜

苦瓜

蓮藕

美味關鍵

◎水分較多的蔬菜，建議鹽可以變成5g。（有添加✦記號）。

◎將昆布、柴魚片或柚子等能具備甘味或香氣的食材，一起與蔬菜醃漬會更加美味。

◎蔬菜最好在醃漬後的半天到2天以內食用完畢。

新鮮蔬菜

切成合適入口大小，即可用鹽糖水來醃漬。

紅蘿蔔

高麗菜✦

*可加柴魚片一起醃漬。

芹菜

*可加昆布一起醃漬。

就像是淺漬蔬菜，
使用鹽糖水醃漬的蔬菜不易變味，
搭配上其他的食材，
就能夠變身成為涼拌、沙拉，
或者是各種小菜，
甚至部分蔬菜還適合
熱炒、燉煮等料理方式。
無論是新鮮蔬菜還是水煮蔬菜，
基本上都一樣使用鹽糖水醃漬，
但是白菜、小黃瓜以及
高麗菜這類水分較多的蔬菜，
最好使用5g的鹽，才能夠比較入味。
加入昆布、柴魚片、柚子、山椒粉等，
能夠帶來甘味或香氣的
調味食材一起醃漬，
可以品嚐到不一樣的醃漬風味。

小黃瓜✦

*可加昆布一起醃漬。

大頭菜

*可加昆布一起醃漬。

日本油菜

茄子

*可加柴魚片一起醃漬。

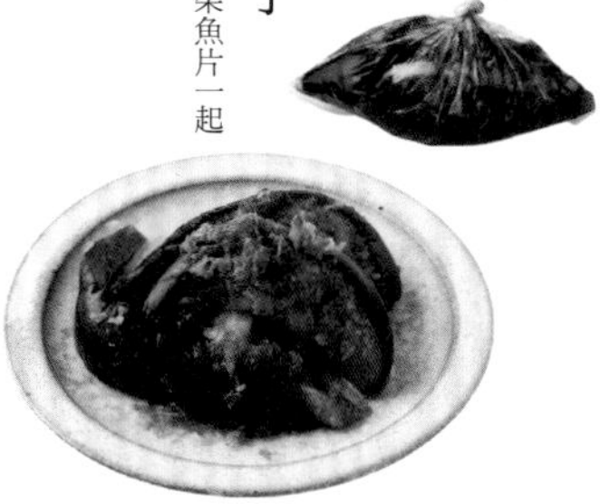

山藥

*可加昆布一起醃漬。

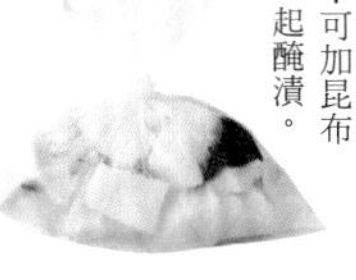

鹽糖水醃漬

雞蛋 豆腐 起司 豆類

料理中最佳配角也能夠以鹽糖水醃漬。
恰到好處的鹽分，
更凸顯了食材的原有滋味。

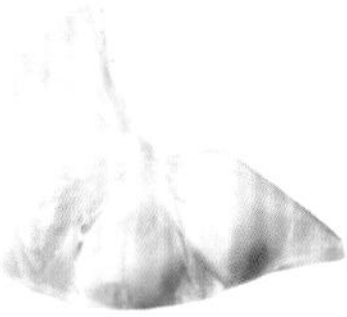

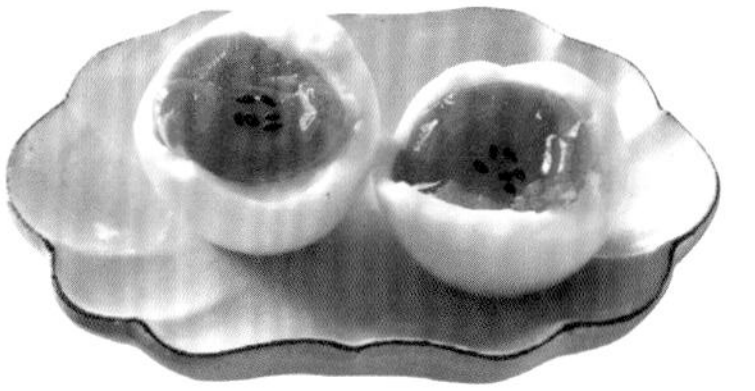

水煮蛋

除了經典的醬油、西式醬汁醃漬，鹽糖水也是一款新作法，推薦做成便當配菜。將雞蛋以熱水水煮約8分鐘，剝除蛋殼就可以進行醃漬。

豆腐

使用嫩豆腐或板豆腐都可以。因為非常容易醃漬入味，只需要淋上橄欖油或粗粒黑胡椒就十分美味。

莫札瑞拉起司

因為醃漬讓鹽分能均勻地滲透到起司裡，味道會非常一致。擦拭乾淨水分後用手撕開起司，加上番茄並淋上橄欖油後就是一道沙拉。

豆類

只需要使用水煮黃豆或鷹嘴豆來醃漬，就能夠做出調味豆子，還可以繼續變身成日式五目豆、沙拉或咖哩等料理。

*圖片裡的黃豆是添加昆布一起醃漬。

3 章

讓味道多一些變化

不一樣的鹽糖水

將鹽糖水中的鹽換成醬油或魚露，
或者是在鹽糖水中添加檸檬、香料，
就能夠讓味道出現不一樣的變化。
無論是簡單的日本和食，
還是人氣的亞洲美食，
或是經典西式餐點都讓人百吃不膩。

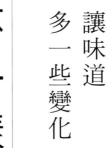

將鹽換成醬油的醬油糖水

因為含有淡淡的醬油香氣，
可以做出充滿日式和風口味的小菜。

材料（2人份）

醬油糖水醃漬的雞胸肉…1片

醬油糖水

醬油 1又1/2大匙

糖 1/2大匙

水 100mℓ

生薑（磨成泥）…1小匙

太白粉…適量

油炸用油…適量

*土魠魚、鱈魚和旗魚也適用同種醃漬方式。

龍田揚炸雞塊

以醬油糖水醃漬過的雞肉，
只需要添加生薑泥就完成了調味！
即使冷了也一樣美味，
推薦可以當作便當主菜。

作法

1 去除醃漬雞胸肉的醬油糖水，使用紙巾充分擦掉水分，斜切成1.5cm厚。

2 將1抹上生薑再灑上太白粉，放置一段時間讓肉片表面變得濕潤後，再一次灑上太白粉並用手確實按壓（下圖）。

3 炸油加熱至170℃，將2油炸2～3分鐘到表面酥脆，即可撈起瀝油。

二度沾裹太白粉再油炸的方式，能讓炸雞表面更加酥脆。

藕丁蒸肉

將全部的食材混合，
放進微波爐裡加熱就能完成。
清脆的蓮藕、Q彈的豬肉，
完美的口感讓人欲罷不能。

材料（2人份）

醬油糖水醃漬的豬腿邊角肉…200g

醬油糖水…㊥醬油1又1/2大匙 ㊥糖1/2大匙 ㊥水100mℓ

蓮藕…200g

梅乾（減鹽口味）…2大顆

紫蘇葉…10片

*可用蔥味噌取代梅乾和紫蘇葉。青蔥1根切成蔥花，加上味噌1大匙、味醂1大匙混合即可。

作法

1 蓮藕隨意切成丁。梅乾取出果核，簡單剁碎。紫蘇葉切成細絲。醬油糖水醃漬的豬腿邊角肉以手用力擠乾水分後，切成肉丁。

2 在碗內放入1並均勻攪拌，使用直徑約15㎝的耐熱容器將食材攤開，蓋上保鮮膜以微波爐加熱7～8分鐘。

舞菇清燉土魠魚

即使放在冰箱一晚，
經過燉煮後的魚肉一樣美味，
而且是能夠凸顯出魚肉原有好味道，
口味清爽的清燉料理。

材料（2人份）

醬油糖水醃漬*的土魠魚…2片
醬油糖水…(醬油)1又1/2大匙 (糖)1/2大匙 (水)100ml
舞菇…1盒
A 高湯…150ml
酒…2大匙
味醂…2大匙
醬油…1/2大匙

*將醬油減少成1大匙，可以避免魚肉變硬。

作法

1 平底鍋裡放入**A**，土魠魚去除醃漬的醬油糖水後也放入鍋中。舞菇撕成方便入口大小，擺放在土魠魚周邊。
*使用比起正常的醬油糖水份量要少一些的醬油，不足的部分可以靠清燉湯汁來彌補。

2 中火煮沸以後，蓋上鍋蓋燉煮4～5分鐘即完成。

將鹽換成魚露的魚露糖水

以魚露來醃漬能讓食材甜味更上一層樓！
而且輕輕鬆鬆就能烹煮出亞洲風味。

越南雞肉河粉

利用蒸煮雞肉而成的湯汁，
就能夠烹煮出
正宗雞湯的一道簡單食譜。
帶有魚露風味的雞肉與雞湯，
美味得讓人容易上癮。

材料（2人份）

魚露糖水醃漬的雞胸肉…1片

魚露糖水

- 魚露 1大匙
- 糖 1/2大匙
- 水 100mℓ

A 酒…2大匙
　水…2大匙

河粉（乾）…150～200g*

B 水…500mℓ
　魚露…1大匙
　辣椒（去籽後切丁）…1/2條

豆芽菜…1袋（200g）

香菜…適量

檸檬（切半月形）…2片

*以滑順的烏龍麵或素麵取代河粉，同樣十分美味。

作法

1. 去除醃漬雞胸肉的魚露糖水，使用紙巾充分擦掉水分，在室溫下靜置約15分鐘。
2. 平底鍋裡放入**A**、**1**並蓋上鍋蓋開中火。煮滾之後將雞肉翻面，重新蓋上鍋蓋，再以較小的中火加熱7分鐘。關火後靜置等待放涼。
3. 取出**2**的雞肉（下圖），剩下的湯汁裡加入**B**並開火。水滾後加入豆芽菜，充分煮熟。
4. 將**3**的雞肉切成合適入口大小。以大量的熱水煮熟河粉，撈出盛放在湯碗裡並放上雞肉、豆芽菜，注入高湯。最後擺上香菜，並且另外以小碟放置檸檬與香菜。

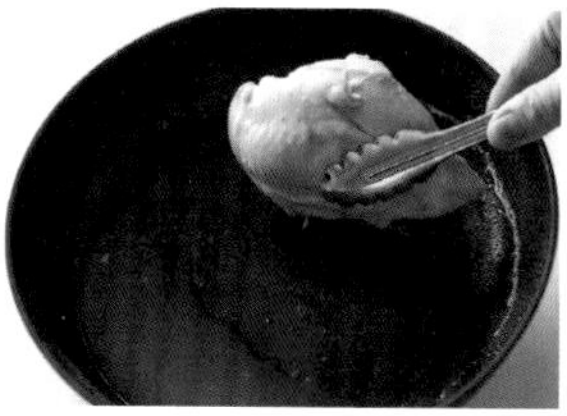

蒸雞肉的湯汁充滿美味精華，不需要丟棄，可以再加工做成雞湯。

越式炒豬肉生菜捲

充滿魚露風味的豬肉，
搭配香氣濃郁的蔬菜，
讓這道菜散發滿滿的亞洲風情。
因為豬肉本身已經醃漬入味，
不需要任何沾醬就十分美味。

材料（2人份）

魚露糖水醃漬的豬腿邊角肉…200g

魚露糖水…(魚露)1大匙 (糖)1/2大匙 (水)100ml

生薑（切碎）…1小匙

大蒜（切碎）…1/2小匙

沙拉油…2大匙

萵苣…適量

〔佐料〕

香菜、蔥、紫蘇葉、檸檬（切成半月形）等…皆適量

＊可依照個人口味，另外再準備魚露或甜辣醬。

作法

1 魚露糖水醃漬的豬腿邊角肉以手用力擠乾水分。將香菜、蔥切成方便用萵苣捲起來的長度。

2 平底鍋裡倒入沙拉油、開中火。油鍋熱了以後放入生薑、大蒜簡單拌炒，再放入1的豬肉炒到熟透為止。與萵苣、佐料一起放進盤子裡，用萵苣包入豬肉與佐料，捲起來就能品嚐。

＊小心為了將豬肉炒到上色，而過度翻炒導致水分流失。請記得只需要豬肉熟透就能起鍋。

越式豬肉沙拉

散發著香菜清新氣息的一道清爽沙拉。
即使放置一段時間，
也不容易出水，
不必在乎用餐時間就能事先調理完成。

材料（2人份）

- 魚露糖水醃漬的豬腿邊角肉…200g
  - 魚露糖水…(魚露)1大匙 (糖)1/2大匙 (水)100mℓ
- 番茄…2小顆
- 香菜…1株
- 生菜…3片
- **A** 魚露…1大匙
  - 砂糖…1/2大匙
  - 檸檬汁…1又1/2大匙
  - 辣椒粉（或是純辣椒粉）…適量

作法

1 魚露糖水醃漬的豬腿邊角肉放上瀝盤，以手用力擠乾水分。

2 鍋裡放入大量的水並煮沸，接著轉成極弱小火，放入1/4的**1**，使用筷子分散豬肉。差不多汆燙熟透後立刻將豬肉撈起瀝乾水分。剩餘的豬肉也用同樣方式燙熟。

3 番茄切成半月形。香菜切成3cm長。生菜撕成一口大小。大碗裡放入**A**攪拌均勻，再加入**2**與蔬菜，把所有食材全部混合均勻即可。

加入檸檬的檸檬鹽糖水

添加檸檬清爽氣味的肉或魚，無論是日式西式還是中式料理都能派上用場。

檸檬奶油煎旗魚排

唯有鹽糖水醃漬法，可以只靠簡單幾樣食材，就烹煮出色香味俱全的料理。先以奶油熱煎出濃郁風味，最後再添加清爽的檸檬來提味。

材料（2人份）

檸檬鹽糖水醃漬的旗魚…200g

檸檬鹽糖水

- 鹽 $\frac{2}{3}$大匙
- 糖 $\frac{1}{2}$大匙
- 水 100mℓ
- 檸檬（切片）2片

櫛瓜…1條

奶油*…10g

*想要口味更加清爽的話，可以用橄欖油取代。

作法

1 櫛瓜切片。去除醃漬旗魚的檸檬鹽糖水，使用紙巾充分擦掉水分。檸檬取出放置一旁。

2 平底鍋裡放入一半的奶油開中火。奶油融化起泡後，放入1的櫛瓜。將兩面煎到稍微上色以後，擺放到盤子裡。

3 在2的平底鍋裡放入剩下的奶油再開中火。奶油融化起泡後，放入1的旗魚以及檸檬。單面油煎大約1分半～2分鐘，兩面都煎過以後放在2上即可。

雞里肌肉堅果沙拉

堅果本身帶有的香氣，
與清爽的芹菜融合在嘴裡，
會越吃越有滋味，
加上帶有檸檬風味的雞肉，堪稱絕配。

材料（2人份）

- 檸檬鹽糖水醃漬的雞里肌肉…4～6片（約250g）
  - 檸檬鹽糖水…(鹽)2/3大匙 (糖)1/2大匙 (水)100mℓ (檸檬)2片
- 水…100mℓ
- 芹菜…1條
- 堅果（切碎）…45g
- **A** 美乃滋…3大匙
  - 原味優格…2大匙
  - 蒸雞里肌肉湯汁…適量
  - 胡椒…少量
- 黑胡椒…適量

作法

1. 去除醃漬雞里肌肉的檸檬鹽糖水，再將檸檬、相應份量的水放入平底鍋裡。蓋上鍋蓋開中火，煮熟後再蒸煮1分鐘半，關火打開鍋蓋放涼。
   ＊蒸雞里肌肉產生的湯汁有著滿滿雞肉精華。在調整醬汁濃淡可以用來混合。
2. 芹菜去絲，切成4cm長的芹菜絲。將**1**撕成雞肉絲。
3. 將**A**混合攪拌均勻，加入**2**、堅果再次拌勻。擺盤後灑上黑胡椒即可。

材料（2人份）

香料＊鹽糖水醃漬的豬里肌肉…2片

香料鹽糖水

- 鹽 2/3大匙
- 糖 1/2大匙
- 水 100mℓ
- 香料 適量

胡椒…少量

番茄…1顆

橄欖油…2小匙

＊使用月桂葉1片、新鮮迷迭香1枝。

加入香料的香料鹽糖水

香草油煎豬排

使用與食材相得益彰的香料，簡單風味可說是最佳的紅酒佐餐料理。

香料能夠更加彰顯出豬肉本身的美味。而配菜的烤番茄，則能一邊品嚐，一邊弄碎當成沾肉醬汁。

作法

1 番茄對半切開。去除醃漬豬里肌肉的香料鹽糖水，使用紙巾充分擦掉水分。切斷肉排兩面的肉筋（→P.60），灑上胡椒。香料取出放置一旁。

2 平底鍋裡倒入橄欖油，開較強的中火。油鍋熱了以後放入1的豬肉、香料，油煎約2分半後翻面，並在鍋裡放入番茄油煎。

＊醃漬過的香料不需要擔心會燒焦。

3 繼續油煎2分半，中途將番茄翻面讓兩面都煎熟。擺盤時灑上胡椒即可。

＊可依照個人喜好，添加顆粒芥末醬。

香料燒烤鰤魚

僅僅只是在鹽糖水中添加香料，
簡單鹽烤就能搖身一變，
成為如同餐酒館般的料理。

材料（2人份）

香料*鹽糖水醃漬的鰤魚…2片

香料鹽糖水…(鹽)2/3大匙 (糖)1/2大匙 (水)100mℓ (香料)多種

彩椒（黃）…2/3顆

洋蔥…1/2顆

橄欖油…1大匙

*使用乾燥奧勒岡1/3小匙。也可以使用迷迭香、百里香、羅勒等香料。如果使用以原葉乾燥而成的香料，香氣會更濃郁。

作法

1 去除醃漬鰤魚的香料鹽糖水，使用紙巾充分擦掉水分。彩椒切成不規則形狀。洋蔥切成半月形。

2 將1全部放入烤盤，淋上橄欖油並攪拌均勻，以烤箱烤至表面金黃即可。

鹽糖水 黃金比例醃漬法

拯救無味乾柴 X 延長保存期限，
新手 & 懶人零秒上手！科學萬用醃漬食譜 65 選

日方工作人員

插圖與手寫文字…牧野伊三夫

攝影…西山 航（世界文化ホールディングス）

設計…芝 晶子（文京圖案室）

造型…久保田加奈子

採訪、撰稿、編輯…井伊左千穂

料理助理…松原美貴子、高橋ひさこ

校對…株式會社円水社

編輯部…能勢亞希子

器材提供…UTUWA

作者上田淳子

譯者林安慧

主編吳佳霖、唐德容

責任編輯黃雨柔

封面設計羅婕云

內頁美術設計李英娟、林意玲

執行長何飛鵬

PCH集團生活旅遊事業總經理暨社長李淑霞

總編輯汪雨菁

行銷企畫經理呂妙君

行銷企劃專員許立心

出版公司

墨刻出版股份有限公司

地址：台北市104民生東路二段141號9樓

電話：886-2-2500-7008／傳真：886-2-2500-7796

E-mail：mook_service@hmg.com.tw

發行公司

英屬蓋曼群島商家庭傳媒股份有限公司城邦分公司

城邦讀書花園：www.cite.com.tw

劃撥：19863813／戶名：書虫股份有限公司

香港發行城邦（香港）出版集團有限公司

地址：香港灣仔駱克道193號東超商業中心1樓

電話：852-2508-6231／傳真：852-2578-9337

城邦（馬新）出版集團 Cite (M) Sdn Bhd

地址：41, Jalan Radin Anum, Bandar Baru Sri Petaling,

57000 Kuala Lumpur, Malaysia.

電話：(603)90563833 ／傳真：(603)90576622／E-mail：services@cite.my

製版・印刷漾格科技股份有限公司

ISBN978-986-289-815-4・978-986-289-817-8 (EPUB)

城邦書號KJ2084 **初版**2023年2月 **二刷**2023年5月

定價400元

MOOK官網www.mook.com.tw

Facebook粉絲團

MOOK墨刻出版 www.facebook.com/travelmook

版權所有・翻印必究

OISHIKUNATTE HOZON MO KIKU! ENTOUSUIZUKE RECIPE

© Junko Ueda 2020

Originally published in Japan in 2020 by SEKAIBUNKA Books Inc.,TOKYO.

Traditional Chinese Characters translation rights arranged with SEKAIBUNKA Publishing Inc.,TOKYO,

through TOHAN CORPORATION, TOKYO and KEIO CULTURAL ENTERPRISE CO.,LTD., NEW TAIPEI CITY.

國家圖書館出版品預行編目資料

鹽糖水.黃金比例醃漬法：拯救無味乾柴x延長保存期限,新手&懶人
零秒上手!科學萬用醃漬食譜65選/上田淳子作；林安慧譯. -- 初版.
-- 臺北市：墨刻出版股份有限公司出版：英屬蓋曼群島商家庭傳媒
股份有限公司城邦分公司發行, 2023.02
112面；16.8×23公分. -- (SASUGAS；84)
譯自：おいしくなって保存もきく! 塩糖水漬けレシピ
ISBN 978-986-289-815-4(平裝)
1.CST: 食譜 2.CST: 食物酸漬 3.CST: 食物鹽漬
427.75   111020170